Veröffentlichungen

des

Königlich Preußischen Meteorologischen Instituts

Herausgegeben durch dessen Direktor

G. Hellmann

Nr. 207

Abhandlungen Bd. III. Nr. 1.

Untersuchungen

über die

Schwankungen der Niederschläge

Von

G. Hellmann

Springer-Verlag Berlin Heidelberg GmbH 1909

ISBN 978-3-662-22853-1 ISBN 978-3-662-24787-7 (eBook)
DOI 10.1007/978-3-662-24787-7

Herrn Hofrat

Professor Dr. Julius Hann

zum siebenzigsten Geburtstag

in Freundschaft und Verehrung

gewidmet vom Verfasser

Berlin, den 23. März 1909

Inhaltsverzeichnis

Einleitung.

In der Klimatologie bildet neben der Lehre von den mittleren atmosphärischen Zuständen die Ermittelung ihrer regelmäßigen periodischen und extremen Schwankungen eine wichtige Aufgabe der Untersuchung. Bei der Temperatur hat man diesem Gesichtspunkt seit langem Rechnung getragen, während das zweitwichtigste Element, der Niederschlag, nach dieser Richtung noch weniger Beachtung gefunden hat.

Nachdem ich bereits in meinem 1906 erschienenen Werke „Die Niederschläge in den norddeutschen Stromgebieten“ (Bd. I S. 242—347) die Niederschlagsschwankungen eingehender behandelt habe, als sonst in ähnlichen Monographieen geschehen ist, nehme ich diese Frage hier wieder auf und suche auf Grund eines umfangreichen und einheitlichen Beobachtungsmaterials von ganz Europa, ja teilweise der Erde überhaupt, den Gegenstand von einem allgemeineren Gesichtspunkt zu bearbeiten. Die erste Anregung dazu gab die eben genannte Veröffentlichung. Bei der kritischen Prüfung der langen Beobachtungsreihen von Stationen, die an den Grenzen des Untersuchungsgebietes liegen, mußten nämlich vielfach außerhalb desselben gelegene Nachbarstationen herangezogen werden, und da es der Zufall wollte, daß mehrere von diesen nichthomogene Reihen besaßen, also für den Zweck unbrauchbar waren, wurde immer weiter hinausgegriffen. So kam es, daß ich mich bald entschloß, ganz Europa in Betracht zu ziehen und die Schwankungen der Niederschlagsmengen an der Haud von Messungen aus derselben fünfzigjährigen Periode (1851—1900) zum Gegenstand einer besonderen Untersuchung zu machen. Das Bestreben, die gefundenen Tatsachen auf die ihnen zu Grunde liegenden Ursachen zurückzuführen, brachte es dann mit sich, daß in manchen Einzelfragen die ganze Erdoberfläche berücksichtigt wurde, wenn die europäischen Verhältnisse zu geringfügige Verschiedenheiten zeigten, um daraus Gesetzmäßigkeiten ableiten zu können.

Der Grund dafür, daß die sogenannten nichtperiodischen Schwankungen des Niederschlags bisher weniger als diejenigen der Temperatur untersucht worden sind, liegt offenbar in dem Mangel an langen und guten, d. h. homogenen Beobachtungsreihen. Da die regelmäßige Messung der Niederschlagsmengen sehr viel später begann als diejenige der Temperatur und bis vor einigen Jahrzehnten, ehe man besonders dichte Beobachtungsnetze für die Regenmessung einrichtete, auch an erheblich weniger Orten als jene erfolgte, ist die Zahl der vorhandenen langen Beobachtungsreihen des Niederschlags naturgemäß kleiner als die der Temperatur. Dazu kommt, daß viele von ihnen nicht homogen sind, also bei Untersuchungen über die Schwankungen keine oder nur sehr beschränkte Verwendung finden können. Da über diesen Punkt vielfach noch unklare Vorstellungen herrschen und oft zu leicht über ihn hinweggegangen[1]) wird, schicke ich hier einige allgemeine Bemerkungen über die Homogenität langer Beobachtungsreihen der Niederschlagsmenge voraus.

Homogenität der Beobachtungsreihen.

Eine lange Reihe von Niederschlagsmessungen an einem Ort kann offenbar dann streng homogen genannt werden, wenn die Messungen mit der gleichen Sorgfalt und Genauigkeit an demselben zweckmäßigen (eventuell erneuerten) Instrument, in guter Aufstellung des Regenmessers an ein und derselben Stelle mit gleichbleibender Umgebung angestellt worden sind. Eine solche Reihe von langer Dauer, etwa 50 oder mehr Jahren, gibt es meines Wissens nicht.

An den Observatorien, von denen die meisten langen Reihen stammen, und auch an vielen meteorologischen Stationen ist die erste Bedingung, die Genauigkeit der Messungen, am ehesten gewährleistet, wenigstens in den letzten 80 bis 100 Jahren, während noch früher in dieser Beziehung viel versäumt worden ist. Auch die zweite Bedingung, der Gebrauch eines zweckmäßigen Instrumentes, dürfte häufig erfüllt sein; denn selbst bei einem Wechsel im System des Regenmessers wird die Richtigkeit der Messung gewahrt bleiben, sofern nur das Instrument den elementarsten Anforderungen an einen guten Regenmesser genügt. In dieser Hinsicht macht allerdings die Messung des Schnees eine Ausnahme; denn besonders in Ländern, wo es durchschnittlich selten schneit, gelegentlich aber reichliche und häufige Schneefälle vorkommen, hat die Schneemessung bis auf die neueste Zeit manches zu wünschen übrig gelassen. Dagegen zeigen die ganz alten Reihen aus dem 18. Jahrhundert oft noch den anderen Fehler, zu kleine Mengen in der warmen Jahreszeit zu liefern, wenn das gesammelte Regenwasser gegen Verdunstung nicht genügend geschützt war.

Die Hauptursache der Inhomogenität ist aber zweifelsohne der Wechsel in der Aufstellung des Regenmessers. An einigen wenigen Stationen hat der Regenmesser unverändert denselben Stand behalten, allein dann sind in der Umgebung Änderungen eingetreten, die auf die Messung von Einfluß waren, oder die unverändert beibehaltene Aufstellung war von vornherein ungünstig, z. B. auf Plattformen. In weitaus der Mehrzahl aller Fälle aber ist der Regenmesser versetzt und dadurch die Homogenität der Reihe unterbrochen worden.

Wenn es demnach keine streng homogenen Reihen von langer Dauer gibt, so sind doch immer noch genug solche vorhanden, die annähernd den oben gestellten Anforderungen entsprechen. Darf man nämlich die beiden ersten Bedingungen als erfüllt ansehen, dann kann man hinsichtlich der dritten mancherlei Zugeständnisse machen. Es ist nicht unbedingt nötig, daß der Regenmesser an ein und derselben Stelle stehen bleibt; wenn er im Falle eines Wechsels eine ebenso gute Aufstellung erhält wie zuvor, darf die Reihe für alle praktischen Zwecke als homogen angesehen werden. In einer der Ebene angehörigen Stadt wird also eine

[1]) So z. B. in der sonst recht verdienstlichen Arbeit von A. R. Binnie, On mean or average annual rainfall, and he fluctuations to which it is subject. London 1892. 8°. (Proc. Institut. of Civil Engin., vol. CIX).

lange Reihe aus verschiedenen Teilreihen kombiniert werden können, wenn der Regenmesser jedesmal am Erdboden gut aufgestellt war. Dagegen würde die Reihe nicht mehr homogen sein, wenn man in einer richtigen Gebirgsstadt Messungen aus der Oberstadt mit solchen zusammenlegen wollte, die mehrere Zehner von Metern tiefer in der Unterstadt gemacht worden sind, wenn auch in beiden Fällen die Aufstellung eine gute war.

Eine der häufigsten Ursachen der Inhomogenität ist ein Wechsel in der Höhe des Regenmessers über dem Erdboden; denn da in einem höher aufgestellten Regenmesser wegen des störenden Einflusses des Windes weniger Niederschlag aufgefangen wird als in einem am Erdboden befindlichen, muß ein wesentlicher Unterschied in der Höhe auf die Messungen erheblich einwirken. Dabei sind kleine Änderungen in einigen Metern über dem Boden (3 bis 5 m) von geringerem Einfluß als solche in der Nähe des Erdbodens (0 bis 2 m) (vgl. mein Werk „Die Niederschläge in den norddeutschen Stromgebieten“ Bd. I S. 29[1]). Eine Reduktion auf gleiches Niveau ist bekanntlich unmöglich, außer wenn an Ort und Stelle selbst einige Jahre hindurch vergleichende Messungen an beiden Aufstellungen ausgeführt worden sind. Das ist aber leider sehr selten geschehen. Man muß also jedesmal im einzelnen untersuchen, ob Niederschlagsmessungen, die zwar an derselben Stelle, aber an Regenmessern in etwas wechselnder Höhe über dem Erdboden gemacht sind, zu einer Reihe vereinigt werden dürfen. Dabei spielt die nächste Umgebung des Instrumentes eine große Rolle: steht der Regenmesser sehr frei, also dem Winde ausgesetzt, dann wird eine Änderung in seiner Höhe relativ großen Einfluß auf die Messungen ausüben, während bei einer genügend freien und dabei doch windgeschützten Aufstellung, z. B. in einem geräumigen Hofe, dieser Einfluß viel geringer ist.

Eine besondere Besprechung verdient die früher allgemein beliebte und leider auch jetzt noch in einigen Ländern beibehaltene Aufstellung des Regenmessers auf Dächern, Terrassen und Plattformen von Häusern und Türmen. Man darf es geradezu als verhängnisvoll für die Fortschritte unserer Kenntnis von den Niederschlagsverhältnissen bezeichnen, daß anfänglich die Regenmesser auf den Plattformen und Dächern von Sternwarten aufgestellt wurden und dieser Vorgang vielfach zum Vorbild diente, während das viel richtigere Verfahren Richard Townley's, der schon 1677 einen Regenmesser in seinem Garten am Boden aufstellte und die Messungsresultate frühzeitig bekannt gab (Philosoph. Trans. XVIII, 1693/94, S. 51), zunächst ganz unbeachtet blieb. Daraus erklärt es sich wohl, daß weitaus die meisten alten Beobachtungsreihen in beträchtlicher Höhe über dem Erdboden gewonnen worden sind.

Das Land, das die meisten Regenmessungen aus dem 18. Jahrhundert und vielleicht auch die relativ größte Zahl von langen Reihen aufzuweisen hat, ist unstreitig Italien. Leider sind sie aber nicht homogen. Ich habe eine im vorigen Jahre nach Ober- und Mittelitalien gemachte Reise auch dazu benutzt, mich an Ort und Stelle über die frühere Aufstellung der Regenmesser an solchen Observatorien mit langen Reihen zu unterrichten, da in den alten Veröffentlichungen darüber nichts gesagt ist, und gefunden, daß fast überall ein einschneidender Wechsel eingetreten war. Dazu gehört auch die ungewöhnlich lange Reihe von Padua, die bereits 1725 ihren Anfang nimmt und fast ununterbrochen bis zur Gegenwart reicht. Allein seit

[1]) Ich werde es weiterhin kurzweg als »Regenwerk« bezeichnen.

dem Jahre 1768, wo die Messungen auf der Sternwarte begannen, hat der Regenmesser drei verschiedene, z. T. recht ungeeignete hohe Stellungen gehabt, immer im Regenschatten des gewaltigen mittelalterlichen Kastellturmes, auf und an den das Observatorium im 18. Jahrhundert gebaut wurde.

Aus den zahlreichen modernen Untersuchungen über den Einfluß der Aufstellung des Regenmessers auf die in ihm aufgefangene Niederschlagsmenge geht hervor, daß auch ein hoch gestellter Regenmesser normale Mengen liefert, wie ein am Boden befindlicher, wenn er gegen den störenden Einfluß des Windes geschützt ist. Das trifft z. B. annähernd zu, wenn er in der Mitte einer geräumigen Plattform mit hoher Brüstung steht. Nach meiner persönlichen Erfahrung sind aber die Regenmesser zumeist nicht in der Mitte, sondern mehr am Rande der Plattformen aufgestellt, so daß sie besonders dann zu wenig messen, wenn sie sich gerade im Luv befinden. Da nun die Häufigkeit der einzelnen Windrichtungen von Jahr zu Jahr ziemlichen Schwankungen unterworfen ist, müssen auch die vom Winde ausgeübten störenden Einflüsse auf die Regenmessung bei solcher Aufstellung verschieden ausfallen. Das ist wohl auch der innere Grund für die von V. Kremser gefundene Tatsache, daß ein hoher Standort des Regenmessers die Veränderlichkeit der Niederschläge wesentlich erhöht (Meteorol. Zeitschr. I, 1884 S. 99). Deshalb wird ein auf einer Plattform derartig aufgestellter Regenmesser, selbst in dem günstigsten Falle, daß sein Stand nie verändert worden ist, dennoch keine ganz homogene Beobachtungsreihe liefern können.

Das Beobachtungsmaterial.

Es wurde zunächst für eine größere Zahl von Stationen, von denen vollständige Beobachtungen aus den Jahren 1851—1900 im Druck vorlagen bezw. durch handschriftliche Mitteilungen ergänzt werden konnten, die Tabelle über die Monats- und Jahreswerte der Niederschlagshöhe in dem genannten 50jährigen Zeitraum aufgestellt, und zwar gleichmäßig abgerundet in ganzen Millimetern. Alsdann ging es an die Prüfung dieser Reihen und an die Ermittlung der Umstände, unter denen die Beobachtungen gewonnen worden waren. Hierbei zeigte sich wieder gar manche Unterlassungssünde in der Mitteilung der allernotwendigsten Angaben über die Höhe des Regenmessers über dem Erdboden, die allgemeine Höhenlage der Station usw., die oft erst durch schriftliche Anfragen in Erfahrung gebracht werden konnten.

Die Prüfung der Reihen erfolgte in der bekannten Weise durch Quotientenbildung gleichzeitiger Jahressummen benachbarter Stationen oder durch graphische Darstellung. Hatte schon die Ermittlung der eben genannten allgemeinen Bedingungen, unter denen die Beobachtungen stattgefunden hatten, ihre Nichthomogenität häufig außer Zweifel gestellt, so ergab diese weitere Prüfung, daß auch noch viele andere Reihen auf Homogenität keinen Anspruch machen können. Man kommt so leider zu der Einsicht, daß die Anzahl der langen und homogenen Beobachtungsreihen des Niederschlags sehr viel kleiner ist, als man von vornherein wohl annehmen möchte. Da zugleich auf eine möglichst gleichmäßige geographische Verteilung der zu diskutierenden Stationen Bedacht zu nehmen war, traf ich schließlich eine Auswahl von einigen vierzig über Europa verteilten Reihen, während für Deutschland, Frankreich und die Britischen Inseln deren noch mehr zur Verfügung gestanden hätten. Andererseits mußte aber gerade wegen dieses geographischen Gesichtspunktes manche Beobachtungsreihe mit aufgenommen werden, die bezüglich ihrer Homogenität zu wünschen übrig läßt, weil sonst große räumliche Gebiete garnicht vertreten gewesen wären. Aus dem hohen Norden (jenseits des 60. Breitengrades) liegen keine so langen Beobachtungsreihen vor; ebenso fehlen sie ganz auf der Balkanhalbinsel.

Die Monats- und Jahressummen des Niederschlages einer Auswahl von 28 Stationen sind am Schluß dieser Abhandlung in extenso abgedruckt worden, weil es für viele Zwecke erwünscht ist, solche kritisch geprüften Übersichten zu besitzen. Da sich der Abschluß der Arbeit länger hinzog, als ursprünglich gedacht war, habe ich noch die Werte für die Jahre 1901—1905 hinzufügen und auch für mehrere Fragen mitbenutzen können; zum Vergleich der Einzelwerte dienten aber immer die aus der gemeinsamen Periode 1851—1900 gebildeten Mittel.

Zur besseren Beurteilung des inneren Wertes der einzelnen 28 Beobachtungsreihen, die auf S. I bis XXVIII in geographischer Anordnung abgedruckt sind, mögen folgende Erläuterungen dienen:

Berlin. Obwohl die Aufstellung des Regenmessers im Zeitraum 1851—1905 mindestens viermal gewechselt hat, kann die Reihe als ziemlich homogen angesehen werden, da die Aufstellung immer eine solche am Erdboden und gut war. Nähere Angaben über die gebrauchten Instrumente und die Exposition findet man in meiner Abhandlung: Das Klima von Berlin. I. Niederschläge. Berlin 1891. 4° (Abh. d. Kgl. Preuß. Meteorol. Instituts. Bd. I, No. 4).

Dijon. Die ersten Jahrgänge bis 1870 sind entnommen aus V. Raulin, Observations pluviométriques faites dans la France septentrionale de 1688 à 1870 (Paris 1881). Die Beobachtungen wurden von Kanalwärtern an der Schleuse angestellt. Die von Raulin für 1870 angegebene Jahressumme 409 mm stimmt mit der Summe der Monatswerte nicht überein, die 372 mm ergibt: letztere wurde eingesetzt. Es ist der niedrigste Jahreswert; aber auch, wenn ein Druckfehler für die Monatssummen vorläge und die von Raulin gegebene Jahressumme 409 mm richtig wäre, bliebe 1870 das trockenste Jahr in der Periode 1851—1905.

Die Beobachtungen der Jahre 1871—75 sind vom Service hydrométrique du Bassin de la Seine geliefert, alle folgenden von den Beamten des Dienstes des Ponts et Chaussées und in den Annales du Bureau Central Météorologique veröffentlicht.

Die Reihe stimmt mit der von Pouilly-en-Auxois, die gleichfalls aufgearbeitet, aber nicht in extenso abgedruckt wurde, sehr gut überein. Auch in Pouilly war 1870 das trockenste Jahr in der 55jährigen Reihe 1851—1905.

Edinburgh. Jahrgänge 1851—1896 nach R. C. Mossman, The Meteorology of Edinburgh, Part I, Edinburgh 1897. 4°. S. 144, spätere nach dem Journ Scott. Met. Soc. Bis 1899 wurden die Beobachtungen auf Charlotte Square, seitdem von Mossman selbst auf Blacket Place angestellt.

Genf. Jahrgänge 1851—75 nach Plantamour, Nouvelles études sur le climat de Genève. Genève 1876. 4°. (S. 233), 1876—95 nach Emile Gautier et Raoul Gautier, Nouvelles moyennes pour les principaux éléments météorologiques de Genève de 1826 à 1895. Genève 1897. 8°. (S. 21, 39). Der Rest wurde aus den Schweizerischen Annalen entnommen. Der Regenmesser hat immer im Garten der Sternwarte gestanden.

Die Niederschlagsbeobachtungen in Genf gehen bis ins 18. Jahrhundert zurück. Nach einer gefälligen Mitteilung des Herrn Raoul Gautier waren die äußersten Extreme in der Jahresmenge: 1799 mit 1254 mm und 1822 mit 465 mm, doch hat man keinen Anhalt dafür, daß die ältesten Messungen ganz einwandfrei sind.

Vergleicht man die Genfer Reihe 1851—1905 mit derjenigen des Großen St. Bernhard, so ergibt sich im allgemeinen eine gute Übereinstimmung; nur im Jahre 1864 gehen die Kurven stark auseinander: Genf hat sehr wenig, St. Bernhard sehr viel Niederschlag. Das Gebiet nördlich und nordwestlich von Genf war in diesem Jahr trocken, weshalb wohl an der Richtigkeit des Wertes von Genf nicht zu zweifeln ist. Anscheinend schließt sich in diesem Jahr der Gr. St. Bernhard mehr dem südlichen Regime des Regenfalls an; denn Oberitalien hatte ein nasses Jahr.

Genua. 1851—82 nach Millosevich, Sulla distribuzione della pioggia in Italia. Annali dell' Ufficio centrale di Meteorologia Italiana. Serie II, Vol. III, Parte I, 1881, S. 68, 69 und Nachtrag, ebenda I, 1883, S. 35. Die späteren Jahre nach den genannten Annali und seit 1892 nach handschriftlichen Mitteilungen bezw. nach der Rivista Meteorico-Agraria. Die bei Modena genannte Arbeit von F. Eredia zeigt auch bei Genua kleine Abweichungen gegenüber den

Angaben der Rivista, die im allgemeinen zu unbedeutend sind, um korrigiert zu werden. Nur Januar 1905 erscheint in unserer Tabelle mit 2 mm trocken, während Eredia 25 mm angibt.

Der Regenmesser steht nach einer gefälligen Mitteilung des Professors A. Garbasso auf einer Terrasse, in 1.5 m Höhe über dieser und 38.5 m Höhe über dem Hofe des Universitätsgebäudes, auf dessen nordwestlicher Ecke sich das Observatorium befindet; vgl. auch P. M. Garibaldi, Climatologia di Genova. Genova 1884. 8⁰. S. 20.

Die ungewöhnlich großen Regenmengen in den drei Monaten Oktober, November und Dezember 1872 (776, 426, 646 mm), in denen zusammen 1848 mm fielen, und die bewirkten, daß die Jahresmenge von 1872 die ganz außerordentliche Höhe von 2752 mm erreichte, sind nach den Angaben in der »Meteorologia Italiana« 1872 wohl nicht anzuzweifeln. Auch Denza nimmt sie in seiner Studie »Sulla distribuzione della pioggia in Italia nell' anno meteorico 1871—72«, Roma 1876. 8⁰. S. 56 ff. als richtig an. Im Oktober und Dezember gab es auch wirklich weitverbreitete starke Regenfälle und Überschwemmungen in Oberitalien; dagegen steht die große Novembermenge in Genua vereinzelt da, nur Livorno, Mailand und Pavia weisen geringe Überschüsse auf.

Görlitz. Die Aufstellung des Regenmessers hat mehrfach gewechselt, doch genügte sie immer den gestellten Anforderungen.

Greenwich. Die Reihe wurde zusammengestellt nach Symons' British Rainfall 1879, S. 11, den von demselben Verfasser bearbeiteten und vom Meteorological Office herausgegebenen Rainfall Tables und seit 1891 nach den Annual Results von Greenwich. Seitdem hat W. C. Nash im Quart. Journ. R. Meteorol. Soc. XXX, 1904, S. 291—302, eine sehr eingehende Bearbeitung sämtlicher in Greenwich von 1815—1903 gemachten Niederschlagsmessungen veröffentlicht und die nötigen Angaben über die Aufstellung des Regenmessers gemacht. Der Regenmesser, dessen Angaben hier mitgeteilt werden, stand immer am Erdboden, hat aber seinen Platz zweimal gewechselt. Verglichen mit anderen englischen Beobachtungsreihen fällt das Jahr 1879 mit seiner großen Menge auf, während die übrigen Stationen eher trocken sind. Aus den von J. Glaisher nach seinem Rücktritt vom Amte privatim angestellten Beobachtungen in seinem Hause Dartmouth Place, Blackheath, etwa 1.5 km südwestlich vom Observatorium, ergibt sich aber gemäß der eben erwähnten Arbeit von Nash für das Jahr 1879 zufällig genau dieselbe Jahressumme (797 mm; Observatorium 31.36, Glaisher 31.39 in.) wie beim Observatorium.

Das Jahresmaximum von 1852 mit 863 mm in der 50jährigen Reihe 1851—1900, ja in der ganzen Reihe seit 1815 ist durch die Menge des Jahres 1904, das 902 mm ergab, übertroffen worden.

Gütersloh. Die ganze Beobachtungsreihe von 1836 bis jetzt rührt von Dr. Stohlmann und seinen Kindern her. Seit 1853 steht der Regenmesser im Garten des eigenen Hauses.

Hermannstadt. Die Jahrgänge 1851—80 sind dem Archiv des Vereins f. Siebenbürgische Landeskunde, N. F., Bd. 24, 1893, S. 539/40, entnommen, die späteren den Jahrbüchern der Wiener Zentralanstalt.

Die ungewöhnlich große Jahresmenge von 1851 ist richtig, da L. Reißenberger, »Ueber die Regenverhältnisse Siebenbürgens« ausdrücklich hervorhebt, daß Hermannstadt 1851 drei große Überschwemmungen hatte: »die erste erfolgte auf ungewöhnlich ergiebige Regengüsse, in den Tagen vom 4. bis 7. August, wo die täglich herabgefallene Wassermenge über 36 Par. Linien (81.2 mm) und am 5. August allein die außerordentliche Höhe von 42.‴48 (95.8 mm) erreichte. Dieser Überschwemmung folgte noch in demselben Monate am 13. die zweite geringere nach einem Regenguß, bei welchem innerhalb 24 Stunden 27.‴10 (61.1 mm) Wasser fiel; die dritte am 2. September wurde durch einen Regenguß veranlaßt, bei welchem das im Regenmesser angesammelte Wasser abermals die Höhe von 3″ (39.‴40 = 88.9 mm) überstieg. Die nächsthöchste Jahressumme beträgt nur 948 mm, bleibt also hinter derjenigen von 1851 mit 1269 mm erheblich zurück.

Reißenberger gibt an, daß während seiner Beobachtungsperiode (1851—1880) der Regenmesser in einem Garten 2 m hoch derart frei aufgestellt war, daß ein größerer Einfluß des Windes so ziemlich ausgeschlossen war.

Katharinenburg. Nach Wild's Regenverhältnissen des Russischen Reiches und den Annalen des Physikalischen Zentral-Observatoriums. Der Regenmesser war am Erdboden aufgestellt, außer in den Jahren 1872—82, wo er auf dem Dach der Thermometerhütte 4.4 m hoch stand. Da das Meteorologisch-Magnetische Observatorium frei auf einem Hügel liegt, dürfte die Niederschlagsmessung unter den störenden Einflüssen des Windes gelitten haben.

Die Beobachtungen der Nachbarstationen Bogoslowsk und Slatoust wurden gleichfalls aufgearbeitet, zeigen aber mehrfach große Abweichungen. Bis 1872 sind die Mengen in Bogoslowsk zu klein; Slatoust scheint besser zu sein.

Königsberg i. Pr. Der Regenmesser stand bis zum September 1887 im Garten der Sternwarte, dann zwei Jahre lang im Botanischen Garten, und seit Oktober 1889 befindet er sich im Garten des städtischen Wasserhebewerks nahe dem Hauptbahnhof.

Kopenhagen. Die Beobachtungen wurden bis zum Juni 1860 im Botanischen Garten gemacht, wo sie schon 1820 begannen, seitdem in der Landwirtschaftlichen Hochschule.

Lissabon. Nach Hellmann, Die Regenverhältnisse der Iberischen Halbinsel (Berlin 1888) und seit 1885 aus den Annaes do Observatorio do Infante D. Luiz entnommen. Die Werte sind die vom oberen Regenmesser registrierten (h_r = 24.4 m). Ein Wechsel in der Aufstellung auf der oberen Terrasse scheint nicht stattgefunden zu haben.

Madrid. Nach Hellmann, Die Regenverhältnisse der Iberischen Halbinsel (Berlin 1888) bis 1859, die Reihe 1860—1894 nach der offiziellen Veröffentlichung: Treinta y cinco años de observaciones meteorologicas. Exposicion y resúmen de las efectuadas en el Observatorio de Madrid . . . (1897); der Rest aus den Observaciones meteorol. de Madrid und z. T. nach handschriftlichen Mitteilungen. Die Höhe des Regenmessers üder dem Erdboden ist zu 0.3 m angenommen worden, da es von ihm heißt: »colocado á nivel casi del suelo«.

Modena. Der Regenmesser hat immer auf der Plattform (terrazino) des Observatoriums gestanden, wie Ciro Chistoni, Risultati udometrici ottenuti al R. Osservatorio meteorologico di Modena dal 1830 al 1895. Modena 1896, 4°, in der Einleitung p. 6 näher ausführt, doch scheint bei der Erneuerung des Instrumentes eine kleine Versetzung auf der Terrasse stattgefunden zu haben. Die Werte seit 1896 beruhen auf handschriftlichen Mitteilungen, z. T. auch auf den Angaben der Rivista Meteorico-Agraria. Eine mir eben zugehende Veröffentlichung des Herrn F. Eredia, Le precipitazioni atmosferiche in Italia dal 1880 al 1905. Roma 1908, 4°, zeigt, daß die der genannten Rivista entnommenen Werte vielfach nicht richtig sein können, da sie von den seinigen erhebliche Abweichungen zeigen. In der Annahme, daß ihm das richtige amtliche Material zur Verfügung stand, übernahm ich die von ihm gegebenen Werte für 1901—1905 und habe auf S. XV der Tabellen den entsprechenden Teil mit einem Zettel überkleben lassen, der die Angaben Eredia's wiedergibt.

Neapel (Capo di Monte, Specola Reale). Die Bearbeitung erfolgte nach den bei Genua angegebenen Quellen. Auch hier zeigt die Publikation des Herrn Eredia mehrfach abweichende Angaben, die z. T. von den durch das Observatorium selbst veröffentlichten verschieden sind.

Paris. Die Werte bis 1885 sind der Bearbeitung Renou's in den Annales du Bureau Central Météorol. de France, Année 1885, I, S. 269 entnommen, die späteren aus den entsprechenden Jahrgängen dieser Annalen hinzugefügt. Die Werte für Juli und August 1896, Januar 1900, August 1904 mußten interpoliert werden. Die Reihe stimmt mit denen der übrigen französischen Stationen gut überein, nur das Jahr 1854 macht eine Ausnahme. Es ist das regenreichste in der ganzen Reihe, was hauptsächlich daher rührt, daß Juni und Juli große Mengen aufweisen. Da die Messungen im einzelnen sich nicht nachprüfen lassen, habe ich diejenigen von Dr. Bérigny in Versailles zu Rate gezogen, die im Annuaire d. l. Soc. Météorol. d. France III, 1855 in extenso veröffentlicht sind. Die Gegenüberstellung der Monatssummen:

1854	Jan.	Feb.	März	Apr.	Mai	Juni	Juli	Aug.	Sept.	Okt.	Nov.	Dez.
Paris . . .	45	24	2	28	80	195	104	47	14	74	64	59
Versailles . .	57	30	5	27	72	116	68	42	7	65	62	70

zeigt eine gute Übereinstimmung bis auf Juni und Juli. Da aber beide Monate einige besonders starke Gewitterregen hatten, ist es gut möglich, daß diese in Paris erheblich größere Regenmengen gebracht haben, als in Versailles.

Rom. Für die Jahrgänge 1851—1900 wurden dieselben Quellen wie bei Genua verwertet. Die neuesten Angaben konnten aus der Abhandlung des Herrn F. Eredia, La pioggia a Roma (Rendic. R. Accad. d. Lincei, cl. d. scienze fis. XV, serie 5ª, Aprile 1906) entlehnt werden, wo sich nähere Angaben über die Aufstellung des Regenmessers befinden. Die Aufstellung auf einer hoch gelegenen Terrasse und der Wechsel in der Höhe um 9 m im Jahre 1856 mindern stark die Homogenität der Reihe.

Rothesay auf der Isle of Bute (Mündung des Clyde) hat eine der längsten Reihen in Schottland, nämlich seit 1800. Die Werte bis 1875, die nur in Zehntel inch angegeben sind, wurden dem Journ. Scottish Meteorol. Soc. V, S. 22 entnommen, diejenigen für 1876—1890 aus Symons' British Rainfall Tables und 1891 bis 1905 aus den einzelnen Jahrgängen von British Rainfall. Nach der von J. M. Gale im Journ. Scottish Met. Soc. V, S. 21 gegebenen Darstellung hat der Regenmesser nicht immer an derselben Stelle im Garten gestanden, sondern einige Zeit auch nahe an Gebäuden. Die Reihe stimmt aber mit denjenigen von Edinburgh und Seathwaite im Lake District recht gut überein.

Da die Regenhöhe mit einem Stabe (rod) gemessen wurde, ist die Messung kleiner Mengen etwas ungenau. Es ist daher fraglich, ob im April 1842 die Monatsmenge Null war; Edinburgh hatte in demselben Monat 3.8 mm.

San Fernando. Nach Hellmann, Die Regenverhältnisse der Iberischen Halbinsel (Berlin 1888) mit Berücksichtigung der in den Anales del Instituto y Observatorio de Marina de San Fernando, año 1899, im Anhang gegebenen Verbesserungen der in früheren Jahrgängen veröffentlichten Werte. Über die Höhe des Regenmessers über dem Erdboden in den ersten Jahren bis 1868 ist nichts zuverlässiges zu ermitteln gewesen, doch dürfte er nicht hoch gestanden haben. Die Reihe 1851—1905 scheint genügend homogen zu sein.

St. Petersburg. Nach Wild, Die Regen-Verhältnisse des Russischen Reiches. St. Petersburg 1887, 4°, bis einschl. zum Jahre 1882 (S. VI, VII); doch sind für die Jahre 1875—80 die von Wild selbst auf S. 11 des Anhanges mitgeteilten Werte eingesetzt, die auf die alte Aufstellung reduziert sind. Die späteren Jahre sind den Annalen des Central-Observatoriums entnommen.

Auffällig erscheint, daß von 1851 bis 1863 alle Jahre unter dem Mittel liegen!

Stonyhurst. Die Werte bis 1877 sind aus der Zusammenstellung »Rainfall of the 30 years between 1848 and 1877« im Jahrgang 1878 der Publikation: »Stonyhurst College Observatory. Results of Meteorological and Magnetical Observations« entnommen, die späteren aus den einzelnen Jahrgängen dieser Veröffentlichung. Der Regenmesser steht auf dem Rasen mitten im Garten, etwa 60 engl. Fuß südlich vom Observatorium. Die Reihe macht einen sehr guten Eindruck bezüglich ihrer Homogenität. Im Jahrgang 1891 liegt offenbar ein Druckfehler in der Jahressumme vor: 48.506 statt 47.506 inches. In unserer Tabelle ist der letztere Wert, als Summe der Monatswerte, eingesetzt worden, und auch in Symons' British Rainfall findet sich die gleiche Jahressumme.

Tiflis. Nach Wild's Regen-Verhältnissen des Russ. Reiches und den Annalen des Physikal. Zentral-Observatoriums. Die Station hat dreimal gewechselt: bis August 1851 lag sie am Fuß des Dawydowschen Berges in 468 m Seehöhe, dann bis Ende 1861 auf dem Awlabar 460 m hoch und seitdem in der Vorstadt Kuki, 409 m über dem Meere. Die Reihe macht einen guten Eindruck.

Triest. Die Jahrgänge 1851—85 nach dem Rapporto annuale dell' Osservatorio marittimo di Trieste 1884, S. 95 und 1885, S. 115, seitdem nach den einzelnen Jahrgängen dieser Veröffentlichung. Im Jahre 1903 hat sich die Aufstellung des Regenmessers erheblich geändert.

Upsala. Die Jahrgänge 1851—90 nach Thure Wigert, Recherches sur le climat d'Upsal. I. Pluies. Upsal 1893. Fol., wobei einige Druckfehler in den Monatswerten berichtigt wurden, nämlich: Sept. 1855, 23 statt 93, Okt. 1860, 112 statt 119, Mai 1865, 47 statt 77, Jan. 1870, 53 statt 13 mm. Die späteren Jahrgänge sind dem Bulletin mensuel des Observatoriums entnommen.

Der Regenmesser stand bis 1852 im alten Observatorium inmitten eines großen Gartens innerhalb der Stadt (h_r unbekannt), seit 1853 etwa 30 m nordwestlich vom neuen Observatorium in freier Umgebung ($h_r = 1.19$ m).

Wien. Die Zahlenwerte bis 1900 sind der Abhandlung von J. Hann, Die Meteorologie von Wien. Wien 1901, S. 57, die späteren den Jahrbüchern der Wiener Zentralanstalt entnommen.

Von 1851 bis August 1852 sind die Messungen an der Universitäts-Sternwarte gemacht und auf die nächste Aufstellung von Hann reduziert worden. Diese war vom Sept. 1852 bis April 1872 in der Vorstadt Wieden (Favoritenstr. 30). Seitdem werden die Beobachtungen im Garten der Zentralanstalt für Meteorologie auf der hohen Warte gemacht.

Die Reihe ist also nicht ganz homogen; bis 1872 erheben sich die Maxima zu wenig über den Mittelwert, was ein Vergleich der graphischen Darstellungen benachbarter Stationen am besten zeigt.

Für die Diskussion der Frage nach den extremen Schwankungen der Niederschlagsmenge wurden noch die Beobachtungen von sehr viel anderen Stationen inner- und außerhalb Europas herangezogen, doch war es hierbei nicht möglich, sich stets an dieselbe 50jährige Periode zu halten. Darüber will ich später einige Erläuterungen geben.

Die jährliche Periode der Niederschlagsmenge und ihre Schwankungen.

Die fünfzigjährigen Monatsmittel sollen hier nicht bloß zur Ermittlung ihrer numerischen Schwankungen dienen, sondern auch zur Untersuchung der jährlichen Periode der Niederschlagsmenge, da sie zum erstenmale die Gelegenheit geben, diese Studie auf Grund streng vergleichbarer und genügend langjähriger Werte durchzuführen. Die jahreszeitliche Verteilung der Niederschläge ist zwar für alle Teile Europas schon mehrfach festgestellt worden, jedoch zumeist an der Hand von Mittelwerten, die entsprechend dem ungleichen Alter der Beobachtungssysteme aus sehr verschieden langen Reihen gebildet sind. Wenn auch bestenfalls die Stationen eines Landes in dieser Beziehung untereinander vergleichbar waren, so hörte doch diese Vergleichbarkeit meistens auf, sobald einzelne Länder mit einander in Parallele gestellt werden sollten.

Allerdings hat Angot für einen großen Teil West- und Zentral-Europas aus gleichzeitigen 30-jährigen Beobachtungen Mittelwerte abgeleitet; er benützt sie aber mehr zur Konstruktion monatlicher Regenkarten, als zur Untersuchung der jährlichen Periode, die er nur nach Jahreszeiten erörtert (Régime des pluies de l'Europe occidentale. Annales d. Bureau Centr. Météorol. d. France, année 1895, I, Mémoires). Ein Vergleich der Angotschen 30jährigen Mittel mit den hier gegebenen 50jährigen (1851—1900) zeigt übrigens bisweilen erhebliche Abweichungen, nicht bloß in ihrem numerischen Betrage, sondern auch im Eintreten der Maxima und Minima. Reicht nun auch die relativ kleine Zahl der in den folgenden Tabellen 1 und 2 aufgeführten Stationen bei weitem nicht aus, um alle Nuancierungen in der jährlichen Periode der Nieder-

Tabelle 1. Monats-, Jahreszeiten- und Jahresmittel der Niederschlagshöhe in Millimetern nach gleichzeitigen Beobachtungen von 1851—1900.

	Januar	Februar	März	April	Mai	Juni	Juli	August	Septbr.	Oktbr.	Novbr.	Dezbr.	Jahr	Frühling	Sommer	Herbst	Winter
San Fernando . .	90.4	77.7	89.2	59.8	43.7	10.4	1.1	4.2	28.7	88.5	108.9	106.1	708.9	192.7	15.7	226.1	274.2
Lissabon	96.4	86.4	90.3	69.9	54.4	15.8	3.2	8.3	31.5	86.1	103.3	95.8	741.4	214.6	27.3	220.9	278.6
Madrid[1])	36.6	31.0	40.2	41.9	43.4	30.9	8.9	14.7	35.2	47.6	45.0	37.0	412.4	125.5	54.5	127.8	104.6
Oviedo	77.1	60.9	93.6	81.2	74.5	56.9	42.5	38.0	57.8	78.5	90.8	86.4	837.5	249.3	137.4	227.1	224.4
Perpignan	60.1	44.3	50.1	47.0	57.4	39.3	20.2	26.9	44.5	60.7	56.6	41.3	548.4	154.5	86.4	161.8	145.7
Dijon	45.1	35.3	44.3	48.1	56.8	74.3	60.3	62.9	56.4	79.6	61.7	51.2	675.9	149.2	197.5	197.7	131.6
Pouilly-en-Auxois	53.5	42.9	55.3	58.6	68.4	80.3	67.8	69.8	62.6	89.6	66.2	58.6	773.4	182.3	217.9	218.4	155.0
Paris	38.7	27.9	36.5	39.0	48.9	55.1	51.1	47.8	48.3	56.7	45.2	41.5	536.7	124.4	154.0	150.2	108.1
Bar-le-Duc	73.2	58.6	67.9	57.6	65.5	84.9	89.9	77.9	74.4	94.0	84.4	87.5	915.6	191.0	252.7	252.8	219.3
Greenwich	49.7	36.9	38.0	39.7	48.0	51.5	61.9	58.0	55.3	70.1	56.1	48.1	613.3	125.7	171.4	181.5	134.7
Stonyhurst	105.0	84.5	84.7	60.9	68.0	88.8	102.4	128.0	119.5	127.7	108.2	116.9	1194.6	213.6	319.2	355.4	306.4
Seathwaite	404.5	307.5	268.6	173.8	179.8	194.1	226.8	290.6	317.2	345.7	338.6	405.2	3452.4	622.2	711.5	1001.5	1117.2
Edinburgh	53.8	43.0	42.5	38.3	48.3	58.6	70.0	76.8	62.7	62.3	58.3	58.6	673.2	129.1	205.4	183.3	155.4
Rothesay	129.0	94.4	86.4	65.5	69.9	85.5	95.2	118.0	107.2	122.2	115.8	128.6	1217.7	221.8	298.7	345.2	352.0
Culloden	55.5	42.2	41.0	32.0	39.5	46.4	70.1	65.4	66.2	60.4	56.7	55.8	631.2	112.5	181.9	183.3	153.5
Brüssel	55.0	45.7	47.3	46.0	59.0	65.1	74.8	73.5	66.3	72.0	60.4	62.8	727.9	152.3	213.4	198.7	163.5
Gütersloh	53.3	46.5	53.4	41.6	59.1	76.7	86.7	72.4	54.3	58.6	57.1	64.4	724.1	154.1	235.8	170.0	164.2
Berlin	39.1	36.7	43.8	36.2	49.2	64.5	76.9	57.2	41.9	46.3	42.6	46.9	581.3	129.2	198.6	130.8	122.7
Königsberg i. Pr.	37.0	31.8	33.6	32.5	49.2	59.0	76.0	79.9	79.9	62.1	54.1	44.8	639.9	115.3	214.9	196.1	113.6
Görlitz	34.7	38.6	45.0	46.0	66.2	73.8	92.0	79.0	54.9	44.4	42.0	42.7	659.3	157.2	244.8	141.3	116.0
Trier	49.3	40.3	46.1	44.9	56.9	74.4	71.5	61.7	56.3	67.0	54.7	58.3	681.4	147.9	207.6	178.0	147.9
Stuttgart	33.6	32.3	41.1	48.8	69.5	84.1	79.2	67.0	53.2	49.4	43.7	42.2	644.1	159.4	230.3	146.3	108.1
Genf	45.1	41.6	50.5	60.0	81.2	77.8	77.8	88.6	87.8	111.5	75.7	52.7	850.3	191.7	244.2	275.0	139.4
Gr. St. Bernhard.	74.4	69.0	79.8	101.8	126.5	105.6	93.5	105.3	112.9	146.5	101.9	82.6	1199.8	308.1	304.4	361.3	226.0
Modena	49.7	37.9	48.6	61.7	68.3	56.2	41.9	44.3	57.1	90.2	74.4	56.9	687.2	178.6	142.4	221.7	144.5
Genua	109.0	103.8	108.1	98.5	81.8	72.6	38.2	53.5	115.3	204.2	192.2	125.9	1303.1	288.4	164.3	511.7	338.7
Rom	86.8	59.7	75.9	70.0	54.9	38.2	17.0	27.7	73.3	132.2	122.3	95.1	853.1	200.8	82.9	327.8	241.6
Neapel	91.9	67.2	75.8	66.2	54.9	31.4	17.1	25.2	70.5	113.5	122.2	117.6	853.5	196.9	73.7	306.2	276.7
Palermo	87.7	71.1	71.2	54.9	29.1	13.9	6.0	12.0	39.6	87.2	91.8	103.8	668.3	155.2	31.9	218.6	262.6
Triest	62.9	57.0	72.8	82.7	97.0	107.4	75.9	88.5	123.8	145.0	102.3	75.6	1090.9	252.5	271.8	371.1	195.5
Wien	36.6	32.6	47.2	49.6	72.0	70.3	70.7	68.2	44.9	47.3	42.5	42.3	623.2	168.8	209.2	134.7	111.5
Hermannstadt . .	22.9	25.8	40.0	50.4	86.5	114.4	107.1	79.7	48.8	38.6	35.2	29.0	678.3	176.9	301.2	122.6	77.7
Kopenhagen . . .	34.6	29.9	33.9	34.2	41.1	50.0	63.6	66.4	58.4	60.2	46.4	41.6	560.3	109.2	180.0	165.0	106.1
Upsala	31.3	28.1	28.8	28.1	43.6	50.1	70.7	70.4	52.8	55.2	43.5	37.6	540.2	100.5	191.2	151.5	97.0
Helsingfors . . .	42.1	35.6	34.2	32.6	45.5	42.2	62.4	74.3	62.7	65.2	59.5	48.9	605.2	112.3	178.9	187.4	126.6
St. Petersburg . .	25.2	23.1	22.2	25.8	46.3	50.0	65.4	76.9	54.6	43.8	38.8	32.8	504.8	94.3	192.3	137.2	81.1
Warschau	32.8	30.8	37.4	38.0	52.9	70.3	76.5	71.0	49.0	43.6	35.1	36.1	573.5	128.3	217.8	127.7	99.7
Moskau[2])	30.3	25.3	30.6	35.0	48.6	53.6	71.5	70.7	58.1	42.6	40.4	39.3	546.0	114.2	195.8	141.1	94.9
Lugan	22.0	19.0	24.1	30.5	43.0	52.6	51.4	35.3	31.3	30.7	29.9	26.9	396.7	97.6	139.3	91.9	67.9
Tiflis	15.5	20.0	27.2	56.7	75.7	67.1	45.6	36.7	51.0	36.5	29.4	23.1	484.7	159.6	149.4	116.9	58.6
Baku	28.7	21.0	23.2	20.6	15.1	8.1	5.7	5.6	17.8	29.0	30.1	28.5	233.4	58.9	19.4	76.9	78.2
Katharinenburg .	8.6	7.6	9.7	13.8	39.8	71.8	68.5	61.0	39.6	23.6	18.7	11.4	374.1	63.3	201.3	81.9	27.6

[1]) Nur 1854—1900. [2]) Nur 1853—1900, außer 1859.

schlagsmenge in Europa bis etwa 60° N. Br. feststellen zu können, so gibt doch wieder die strenge Vergleichbarkeit der 50jährigen Mittel unter einander die Gewähr dafür, daß wirklich die normalen Verhältnisse ans Licht gebracht werden.

Das Studium der Tabellen 2 und 2ᵃ, in denen die prozentischen Anteile der Monatsmengen an der Jahresmenge bezw. die wegen der ungleichen Länge der Monate korrigierten monatlichen Niederschlagswerte wiedergegeben sind, und noch besser die darauf gegründete graphische Darstellung in Fig. 1—4 läßt die Ähnlichkeiten und Verschiedenheiten in der jährlichen Periode benachbarter oder weit entfernter Landgebiete deutlich erkennen.

Tabelle 2. Fünfzigjährige Monats- und Jahreszeitenmittel (1851—1900) der Niederschlagshöhe in Prozenten der mittleren Jahresmenge.

	Januar	Februar	März	April	Mai	Juni	Juli	August	Septbr.	Oktbr.	Novbr.	Dezbr.	Amplitude	Frühling	Sommer	Herbst	Winter	Warme	Kalte
																		Jahreshälfte	
San Fernando	12.8	11.0	12.6	8.4	6.2	1.5	0.2*	0.6	4.0	12.5	**15.4**	15.0	15.2	27.2	2.3	31.9	38.8	20.9	79.3
Lissabon	13.0	11.7	12.2	9.5	7.3	2.1	0.4*	1.1	4.3	11.6	**13.9**	12.9	13.5	29.0	3.6	29.8	37.6	24.7	75.3
Madrid [1]	8.9	7.5	9.7	10.2	10.5	7.5	2.2*	3.6	8.5	**11.5**	10.9	9.0	9.3	30.4	13.3	30.9	25.4	42.5	57.5
Oviedo	9.2	7.3	**11.2**	9.7	8.9	6.8	5.1	4.5*	6.9	9.4	10.8	10.3	6.7	29.8	16.4	27.1	26.8	41.9	58.2
Perpignan	11.0	8.1	9.1	8.6	10.5	7.2	3.7*	4.9	8.1	**11.1**	10.3	7.5	7.4	28.2	15.8	29.5	26.6	43.0	57.1
Dijon	6.7	5.2*	6.6	7.1	8.4	11.0	8.9	9.3	8.3	**11.8**	9.1	7.6	6.6	22.1	29.2	29.2	19.5	53.0	47.0
Pouilly-en-Auxois	6.9	5.5*	7.1	7.6	8.8	10.4	8.8	9.0	8.1	**11.6**	8.6	7.6	6.1	23.5	28.2	28.3	20.0	52.7	47.3
Paris	7.2	5.2*	6.8	7.3	9.1	10.3	9.5	8.9	9.0	**10.6**	8.4	7.7	5.4	23.2	28.7	28.0	20.1	54.1	45.9
Bar-le-Duc	8.0	6.4*	7.4	6.3	7.1	9.3	9.8	8.5	8.1	**10.3**	9.2	9.6	4.0	20.8	27.6	27.6	24.0	49.1	50.9
Greenwich	8.1	6.0*	6.2	6.5	7.8	8.4	10.1	9.5	9.0	**11.4**	9.2	7.8	5.4	20.5	28.0	29.6	21.9	51.3	48.7
Stonyhurst	8.8	7.1	7.1	5.1*	5.7	7.4	8.6	**10.7**	10.0	**10.7**	9.1	9.8	5.6	17.9	26.7	29.8	25.7	47.5	52.6
Seathwaite	**11.7**	8.9	7.8	5.1*	5.2	5.6	6.6	8.4	9.2	10.0	9.8	**11.7**	6.6	18.1	20.6	29.0	32.3	40.1	59.9
Edinburgh	8.0	6.4	6.3	5.7*	7.2	8.7	10.4	**11.4**	9.3	9.2	8.7	8.7	5.7	19.2	30.5	27.2	23.1	52.7	47.3
Rothesay	**10.6**	7.8	7.1	5.4*	5.7	7.0	7.8	9.7	8.8	10.0	9.5	**10.6**	5.2	18.2	24.5	28.3	29.0	44.4	55.6
Culloden	8.8	6.7	6.5	5.1*	6.2	7.3	**11.1**	10.4	10.5	9.6	9.0	8.8	6.0	17.8	28.8	29.1	24.3	50.6	49.4
Brüssel	7.6	6.3	6.5	6.3*	8.1	8.9	**10.3**	10.1	9.1	9.9	8.3	8.6	4.0	20.9	29.3	27.3	22.5	52.8	47.2
Gütersloh	7.4	6.4	7.4	5.7*	8.2	10.6	**11.9**	10.0	7.5	8.1	7.9	8.9	6.2	21.3	32.5	23.5	22.7	53.9	46.1
Berlin	6.7	6.3	7.5	6.2*	8.5	11.1	**13.2**	9.9	7.2	8.0	7.3	8.1	7.0	22.2	34.2	22.5	21.1	56.1	43.9
Königsberg i. Pr.	5.8	5.0	5.2*	5.1*	7.7	9.2	11.9	**12.5**	**12.5**	9.7	8.4	7.0	7.5	18.0	33.6	30.6	17.8	58.9	41.1
Görlitz	5.3*	5.9	6.8	7.0	10.0	11.2	**13.9**	12.0	8.3	6.7	6.4	6.5	8.6	23.8	37.1	21.4	17.7	62.4	37.6
Trier	7.2	5.9*	6.8	6.6	8.3	**10.9**	10.5	9.1	8.3	9.8	8.0	8.6	5.0	21.7	30.5	26.1	21.7	53.7	46.3
Stuttgart	5.2*	5.0*	6.4	7.6	10.8	**13.0**	12.3	10.4	8.3	7.7	6.8	6.5	8.0	24.8	35.7	22.8	16.7	62.4	37.6
Genf	5.3	4.9*	6.0	7.1	9.6	9.1	9.1	10.4	10.3	**13.1**	8.9	6.2	7.8	22.7	28.6	32.3	16.4	55.6	44.4
Gr. St. Bernhard	6.2	5.7*	6.7	8.5	10.5	8.8	7.8	8.8	9.4	**12.2**	8.5	6.9	6.5	25.7	25.4	30.1	18.8	53.8	46.2
Modena	7.3	5.5*	7.1	9.0	9.9	8.2	6.1	6.4	8.3	**13.1**	10.8	8.3	7.6	26.0	20.7	32.2	21.1	47.9	52.1
Genua	8.4	7.9	8.3	7.6	6.3	5.6	2.9*	4.1	8.8	**15.7**	14.7	9.7	12.8	22.2	12.6	39.2	26.0	35.3	64.7
Rom	10.2	7.0	8.9	8.2	6.4	4.5	2.0*	3.3	8.6	**15.5**	14.3	11.1	13.5	23.5	9.8	38.4	28.3	33.0	67.0
Neapel	10.7	7.9	8.9	7.7	6.4	3.7	2.0*	3.0	8.3	13.3	**14.3**	13.8	12.3	23.0	8.7	35.9	32.4	31.1	68.9
Palermo	13.1	10.6	10.7	8.2	4.4	2.1	0.9*	1.8	5.9	13.1	13.7	**15.5**	14.6	23.3	4.8	32.7	39.2	23.3	76.7
Triest	5.8	5.2*	6.7	7.6	8.9	9.8	7.0	8.1	11.3	**13.3**	9.4	6.9	8.1	23.2	24.9	34.0	17.9	52.7	47.3
Wien	5.9	5.2*	7.6	8.0	**11.6**	11.3	11.3	10.9	7.0	7.6	6.8	6.8	6.4	27.2	33.5	21.4	17.9	60.1	39.9
Hermannstadt	3.4*	3.8	5.9	7.4	12.7	**16.9**	15.8	11.7	7.2	5.7	5.2	4.3	13.5	26.0	44.4	18.1	11.5	71.7	28.3
Kopenhagen	6.2	5.3*	6.1	6.1	7.3	8.9	11.4	**11.9**	10.4	10.7	8.3	7.4	6.6	19.5	32.2	29.4	18.9	56.0	44.0
Upsala	5.8	5.2*	5.3*	5.2*	8.1	9.3	**13.1**	13.0	9.8	10.2	8.0	7.0	7.9	18.6	35.4	28.0	18.0	58.5	41.5
Helsingfors	6.9	5.9	5.6	5.4*	7.5	7.0	10.3	**12.3**	10.4	10.8	9.8	8.1	6.9	18.5	29.6	31.0	20.9	52.9	47.1
St. Petersburg	5.0	4.6	4.4*	5.1	9.2	9.9	12.9	**15.2**	10.8	8.7	7.7	6.5	10.8	18.7	38.0	27.2	16.1	63.1	36.9
Warschau	5.7	5.4*	6.5	6.6	9.2	12.2	**13.3**	12.4	8.6	7.6	6.1	6.3	7.9	22.3	37.9	22.3	17.4	62.3	37.6
Moskau [2]	5.6	4.6*	5.6	6.4	8.9	9.8	**13.1**	13.0	10.6	7.8	7.4	7.2	8.5	20.9	35.9	25.8	17.4	61.8	38.2
Lugan	5.5	4.8*	6.1	7.7	10.8	**13.3**	13.0	8.9	7.9	7.7	7.5	6.8	8.5	24.6	35.2	23.1	17.1	61.6	38.4
Tiflis	3.2*	4.1	5.6	11.7	**15.6**	13.9	9.4	7.6	10.5	7.5	6.1	4.8	12.4	32.9	30.9	24.1	12.1	68.7	31.3
Baku	12.3	9.0	10.0	8.8	6.5	3.5	2.4*	2.4*	7.6	12.4	**12.9**	12.2	10.5	25.3	8.3	32.9	33.5	31.2	68.8
Katharinenburg	2.3	2.0*	2.6	3.7	10.6	**19.2**	18.3	16.3	10.6	6.3	5.0	3.1	17.2	16.9	53.8	21.9	7.4	78.7	21.3

[1]) Nur 1854—1900. [2]) Nur 1853—1900, außer 1859.

Zwei Grundtypen der Regenverteilung sind es, die in Europa zur Geltung kommen und sich in den Berührungsgebieten gleichsam um die Herrschaft streiten, so daß hier mannigfache Übergangsformen entstehen: der ozeanische Typus mit vorherrschenden Winterregen und der kontinentale Typus mit überwiegenden Sommerregen.

Der erstere greift vom Atlantischen Ozean auf die Westseite der Britischen Inseln sowie der Iberischen Halbinsel über und herrscht am ausgesprochensten in der südlichen Hälfte des ganzen Mittelmeeres, wo er sich wegen des trockenen Sommers zu einem besonderen Typus entwickelt, dem subtropischen Regenregime der alten Welt.

Tabelle 2a. Jährlicher Gang der Niederschlagsmenge, ausgedrückt durch mittlere monatliche Niederschlagskoeffizienten (1851—1900).

	Januar	Februar	März	April	Mai	Juni	Juli	August	Septbr.	Oktbr.	Novbr.	Dezbr.
San Fernando	1.51	1.43	1.48	1.02	0.73	0.18	0.02*	0.07	0.49	1.47	**1.88**	1.76
Lissabon	1.53	1.52	1.44	1.16	0.86	0.26	0.05*	0.13	0.52	1.36	**1.70**	1.52
Madrid[1])	1.05	0.97	1.14	1.24	1.24	0.91	0.26*	0.42	1.04	**1.35**	1.33	1.06
Oviedo	1.08	0.95	**1.32**	1.18	1.05	0.83	0.60	0.53*	0.85	1.11	**1.32**	1.21
Perpignan	1.29	1.05	1.07	1.05	1.24	0.88	0.44*	0.58	0.99	**1.31**	1.26	0.88
Dijon	0.79	0.68*	0.78	0.87	0.99	1.34	1.05	1.09	1.01	**1.39**	1.11	0.89
Pouilly-en-Auxois	0.82	0.71*	0.84	0.93	1.04	1.27	1.04	1.06	0.99	**1.36**	1.05	0.89
Paris	0.85	0.68*	0.80	0.89	1.07	1.26	1.12	1.05	1.10	**1.25**	1.02	0.91
Bar-le-Duc	0.94	0.83	0.87	0.77*	0.84	1.13	1.15	1.00	0.99	**1.21**	1.12	1.13
Greenwich	0.95	0.78	0.73*	0.79	0.92	1.02	1.19	1.12	1.10	**1.34**	1.12	0.92
Stonyhurst	1.04	0.92	0.84	0.62*	0.67	0.90	1.01	**1.26**	1.22	**1.26**	1.11	1.15
Seathwaite	**1.38**	1.16	0.92	0.62	0.61*	0.68	0.78	0.99	1.12	1.18	1.20	**1.38**
Edinburgh	0.94	0.83	0.74	0.70*	0.85	1.06	1.22	**1.34**	1.13	1.08	1.06	1.02
Rothesay	**1.25**	1.01	0.84	0.66*	0.67	0.85	0.92	1.14	1.07	1.18	1.16	**1.25**
Culloden	1.04	0.87	0.76	0.62*	0.73	0.89	**1.31**	1.22	1.28	1.13	1.10	1.04
Brüssel	0.89	0.82	0.76*	0.77	0.95	1.09	**1.21**	1.19	1.11	1.16	1.01	1.01
Gütersloh	0.87	0.83	0.87	0.70*	0.96	1.29	**1.40**	1.18	0.91	0.95	0.96	1.05
Berlin	0.79	0.82	0.88	0.76*	1.00	1.35	**1.55**	1.16	0.88	0.94	0.89	0.95
Königsberg i. Pr.	0.68	0.65	0.61*	0.62	0.91	1.12	1.40	1.47	**1.52**	1.14	1.02	0.82
Görlitz	0.62*	0.77	0.80	0.85	1.18	1.37	**1.64**	1.41	1.01	0.79	0.78	0.76
Trier	0.85	0.77*	0.80	0.80	0.98	**1.33**	1.24	1.07	1.01	1.15	0.98	1.01
Stuttgart	0.61*	0.65	0.75	0.93	1.27	**1.59**	1.45	1.22	1.01	0.91	0.83	0.76
Genf	0.62*	0.64	0.71	0.87	1.13	1.11	1.07	1.22	1.26	**1.54**	1.09	0.73
Gr. St. Bernhard	0.73*	0.74	0.79	1.04	1.24	1.07	0.92	1.04	1.15	**1.44**	1.04	0.81
Modena	0.86	0.71*	0.84	1.10	1.16	1.00	0.72	0.75	1.01	**1.54**	1.32	0.98
Genua	0.99	1.03	0.98	0.93	0.74	0.68	0.34*	0.48	1.07	**1.85**	1.79	1.14
Rom	1.20	0.91	1.05	1.00	0.75	0.55	0.24*	0.39	1.05	**1.82**	1.74	1.31
Neapel	1.26	1.03	1.05	0.94	0.75	0.45	0.24*	0.35	1.01	1.56	**1.74**	1.62
Palermo	1.54	1.38	1.26	1.00	0.52	0.26	0.11*	0.21	0.72	1.54	1.67	**1.82**
Triest	0.68	0.68*	0.79	0.93	1.05	1.20	0.82	0.95	1.38	**1.56**	1.15	0.81
Wien	0.69	0.68*	0.89	0.98	1.36	**1.38**	1.33	1.28	0.85	0.89	0.83	0.80
Hermannstadt	0.40*	0.49	0.69	0.91	1.49	**2.06**	1.86	1.38	0.88	0.67	0.63	0.51
Kopenhagen	0.73	0.69*	0.72	0.74	0.86	1.09	1.34	**1.40**	1.27	1.26	1.01	0.87
Upsala	0.68	0.68	0.62*	0.63	0.95	1.13	**1.54**	1.53	1.20	1.20	0.98	0.82
Helsingfors	0.81	0.77	0.66*	0.66*	0.88	0.85	1.21	**1.45**	1.27	1.27	1.20	0.95
St. Petersburg	0.59	0.60	0.52*	0.62	1.08	1.21	1.52	**1.79**	1.32	1.02	0.94	0.76
Warschau	0.67*	0.70	0.76	0.80	1.08	1.49	**1.55**	1.46	1.05	0.89	0.74	0.74
Moskau[2])	0.66	0.60*	0.66	0.78	1.05	1.20	**1.54**	1.53	1.29	0.92	0.90	0.85
Lugan	0.65	0.62*	0.72	0.94	1.27	**1.62**	1.53	1.05	0.96	0.91	0.91	0.80
Tiflis	0.38*	0.53	0.66	1.43	**1.84**	1.70	1.11	0.89	1.28	0.88	0.74	0.56
Baku	1.45	1.17	1.18	1.07	0.76	0.43	0.28*	0.28*	0.93	1.46	**1.57**	1.44
Katharinenburg	0.27	0.26*	0.31	0.45	1.25	**2.34**	2.15	1.92	1.29	0.74	0.61	0.36

1) Nur 1854—1900. 2) Nur 1853—1900, außer 1859.

Der andere Grundtypus, derjenige der Sommerregen, entfaltet sich am reinsten im Innern der kompakten Landmasse, d. h. im Osten des hier in Betracht kommenden Untersuchungsgebietes, und nähert sich umsomehr dem ozeanischen, je weiter man nach Westen oder ozeanwärts vorschreitet. Die schärfsten Gegensätze in der jährlichen Periode des Niederschlags werden also da vorkommen, wo beide Typen am reinsten auftreten. Das ist z. B. bei Palermo und Katharinenburg am Ural der Fall; aber auch das der Hauptstadt Siziliens viel näher gelegene Hermannstadt in Siebenbürgen zeigt den Typus ausgeprägtester Sommerregen.

Während also bei diesem Einteilungsprinzip, abgesehen vom äußersten Südeuropa, ein deutlicher Gegensatz zwischen dem Westen und Osten besteht, kann man auch die Trockenheit bezw. die Regenlosigkeit des südeuropäischen Sommers als ein besonders charakteristisches Merkmal in der jährlichen Periode der Niederschläge ansehen und demgemäß in Europa die Gebiete mit Niederschlägen zu allen Jahreszeiten von denjenigen mit periodischer Regenlosigkeit unterscheiden. Der Umfang dieses letzteren Gebietes läßt sich nach den mittleren Monatsmengen des Regenfalls in den Sommermonaten weniger gut bemessen als nach den Wahrscheinlichkeitsziffern für das Eintreten eines regenlosen Sommermonats in einer später folgenden Tabelle.

Bei diesem letzteren Einteilungsprinzip kommt also hauptsächlich ein Gegensatz zwischen dem Süden und Norden zur Geltung: das ganze nördliche und mittlere Europa hat Niederschläge zu allen Jahreszeiten, Südeuropa einen sehr trockenen Sommer und das südlichste Mediterrangebiet in der Regel einen oder mehrere ganz regenlose Sommermonate.

Es bleibt bei dieser Einteilung allerdings zu beachten, daß da, wo der kontinentale Typus der Sommerregen am schärfsten ausgeprägt ist, der Winter auch so wenig Niederschläge erhält, daß er an Trockenheit mit demjenigen des Sommers im nördlichen und mittleren Mittelmeergebiet wetteifert. So entfallen auf den Winter in Katharinenburg nur 7.4% der Jahresmenge, während Palermo, Baku und Neapel im Sommer 4.8 bezw. 8.3 und 8.7% erhalten.

Nach diesen allgemeinen Betrachtungen gehe ich dazu über, die jährliche Periode der Niederschlagsmenge nach den Zahlen in Tabelle 2 gruppenweise näher zu analysieren und wähle zum Ausgangspunkt die Eintrittszeit des Maximums.

	Haupt- Maximum		Haupt- Minimum		Sekundäres Maximum	Sekundäres Minimum
Palermo	Dezember	(15.5%)	Juli	(0.9%)	—	—
Der ausgeprägte Typus subtropischer Winterregen.						
San Fernando	November	(15.4%)	Juli	(0.2%)	März	Februar
Lissabon	November	(13.9 „)	Juli	(0.4 „)	März	Februar
Neapel	November	(14.3 „)	Juli	(2.0 „)	März	Februar
Baku	November	(12.9 „)	Juli	(2.4 „)	März	Februar
Rom	Oktober	(15.5 „)	Juli	(2.0 „)	März	Februar
Genua	Oktober	(15.7 „)	Juli	(2.9 „)	März	Februar
Madrid	Oktober	(11.5 „)	Juli	(2.2 „)	Mai	Februar
Perpignan	Oktober	(11.1 „)	Juli	(3.7 „)	Mai	Februar

	Haupt-Maximum		Haupt-Minimum		Sekundäres Maximum	Sekundäres Minimum
Modena	Oktober	(13.1 „)	Februar	(5.5 „)	Mai	Juli
Genf		(13.1 „)		(4.9 „)		
Gr. St. Bernhard .		(12.2 „)		(5.7 „)		
Triest	Oktober	(13.3 „)	Februar	(5.2 „)	Juni	Juli
Dijon	Oktober	(11.8 „)	Februar	(5.2 „)	Juni	Juli/August
Pouilly-en-Auxois		(11.6 „)		(5.5 „)		
Paris		(10.6 „)		(5.2 „)		

Dieser Übergangstypus unterscheidet sich von dem vorigen (Triest) dadurch, daß in Zentralfrankreich das sekundäre Maximum im Juni nur wenig dem Hauptmaximum im Oktober nachsteht (8.4 bis 9.1 %), während in Triest das Hauptmaximum im Oktober das sekundäre im Juni erheblich überragt.

Das östlich von Paris gelegene Bar-le-Duc schließt sich dem zentralfranzösischen Typus der jährlichen Periode eng an, doch verschiebt sich das sekundäre Maximum vom Juni auf den Juli und das sekundäre Minimum auf den September; ähnlich verhält es sich noch weiter östlich in Nancy.

	Haupt-Maximum		Haupt-Minimum		Sekundäres Maximum	Sekundäres Minimum
Greenwich	Oktober	(11.4%)	Februar	(6.0%)	Juli	September
Stonyhurst	Oktober	(10.7 „)	April	(5.1 „)	August	November
Seathwaite	Dezember	(11.7 „)	April	(5.1 „)	—	—
Rothesay	(Januar)	(10.6 „)		(5.4 „)		

Der ozeanische Typus kommt hier am deutlichsten zum Ausdruck; bei Seathwaite bewirkt außerdem die Gebirgslage eine Zunahme der winterlichen Niederschläge.

	Haupt-Maximum		Haupt-Minimum		Sekundäres Maximum	Sekundäres Minimum
Edinburgh	Juli (August)	(11.4%)	April	(5.7%)	—	—
Culloden		(11.1 „)		(5.1 „)		
Brüssel	Juli (August)	(10.3 „)	April	(6.3 „)	Oktober	Februar

Ein flacher Übergangstypus vom östlichen Frankreich (vgl. Bar-le-Duc) nach Westdeutschland. Juli, August und Oktober erhalten nahezu gleichviel Regen.

	Haupt-Maximum		Haupt-Minimum		Sekundäres Maximum	Sekundäres Minimum
Gütersloh	Juli	(11.9%)	April	(5.7%)	Dezember	Februar
Berlin		(13.2 „)		(6.2 „)		
Kopenhagen . . .	August (Juli)	(11.9 „)	Februar	(5.3 „)	Oktober	April
Upsala	Juli (August)	(13.1 „)	April	(5.2 „)	Oktober	Februar
Helsingfors	August	(12.3 „)	April	(5.4 „)	Oktober (Mai)	Juni
St. Petersburg . .	August	(15.2 „)	März	(4.4 „)	—	—
Moskau	Juli (August)	(13.1 „)	Februar	(4.6 „)	—	—
Warschau	Juli	(13.3 „)	Februar	(5.4 „)	—	—
Klaußen[1])		(15.1 „)		(4.7 „)		
Konitz[1])		(13.6 „)		(5.5 „)		
Görlitz	Juli	(13.9 „)	Januar	(5.3 „)	—	—
Krakau[1])		(14.9 „)		(4.0 „)		
Trier	Juni	(10.9 „)	Februar	(5.9 „)	Oktober	—
Stuttgart		(13.0 „)		(5.0 „)		

Trier zeigt den Übergangstypus von Ostfrankreich (Nancy) nach Süddeutschland, wo das Juni-Maximum in Württemberg (außer Stuttgart) noch in Kalw[1]) und Schopfloch[1]) besonders ausgeprägt ist. Die zwischenliegende oberrheinische Ebene (Straßburg i. E.[1]) hat dagegen ausgesprochene Juliregen mit einem Minimum im Februar.

[1]) Diese Stationen erscheinen nicht in den Tabellen 1 und 2, sondern sind, wie manche andere im Text erwähnte, meinem Regenwerk Bd. I Tab. 9 entnommen. Die Mittel sind aber gleichfalls aus den 50jährigen Beobachtungen von 1851 bis 1900 gebildet.

	Haupt-Maximum		Haupt-Minimum		Sekundäres Maximum	Sekundäres Minimum
Tiflis	Mai	(15.6%)	Januar	(3.2%)	September	August
Hermannstadt . .	Juni	(16.9 „)	Februar (Januar)	(3.4 „)	—	—
Lugan	Juni	(13.3 „)	Februar (Januar)	(4.8 „)	—	—
Katharinenburg .	Juni	(19.2 „)	Februar (Januar)	(2.0 „)	—	—
Wien	Mai (Juni)	(11.6 „)	Februar	(5.2 „)	Oktober (schwach)	—

Die flachgipflige Kurve von Wien, wo die vier Monate Mai bis August fast gleichviel Regen (10.9 bis 11.6%) erhalten, ist sehr charakteristisch. Aus einer noch längeren Beobachtungsreihe (60 Jahre) ergab sich der Juni als regenreichster Monat (Hann, Die Meteorologie von Wien S. 30).

Die Bildung von regionalen Gruppenmitteln mußte unterbleiben, da die Zahl der Stationen hierfür zu klein ist; bei den vielfachen Übergängen von einem Typus zum andern wäre auch die Abgrenzung der Gebiete sehr schwierig. Ich habe aber in dem untenstehenden Kärtchen (Fig. 1) von Europa zu den Stationspunkten die Monate der größten Niederschlagsmenge hinzugefügt, um das Gesetzmäßige der Erscheinung besser vor Augen zu führen, und

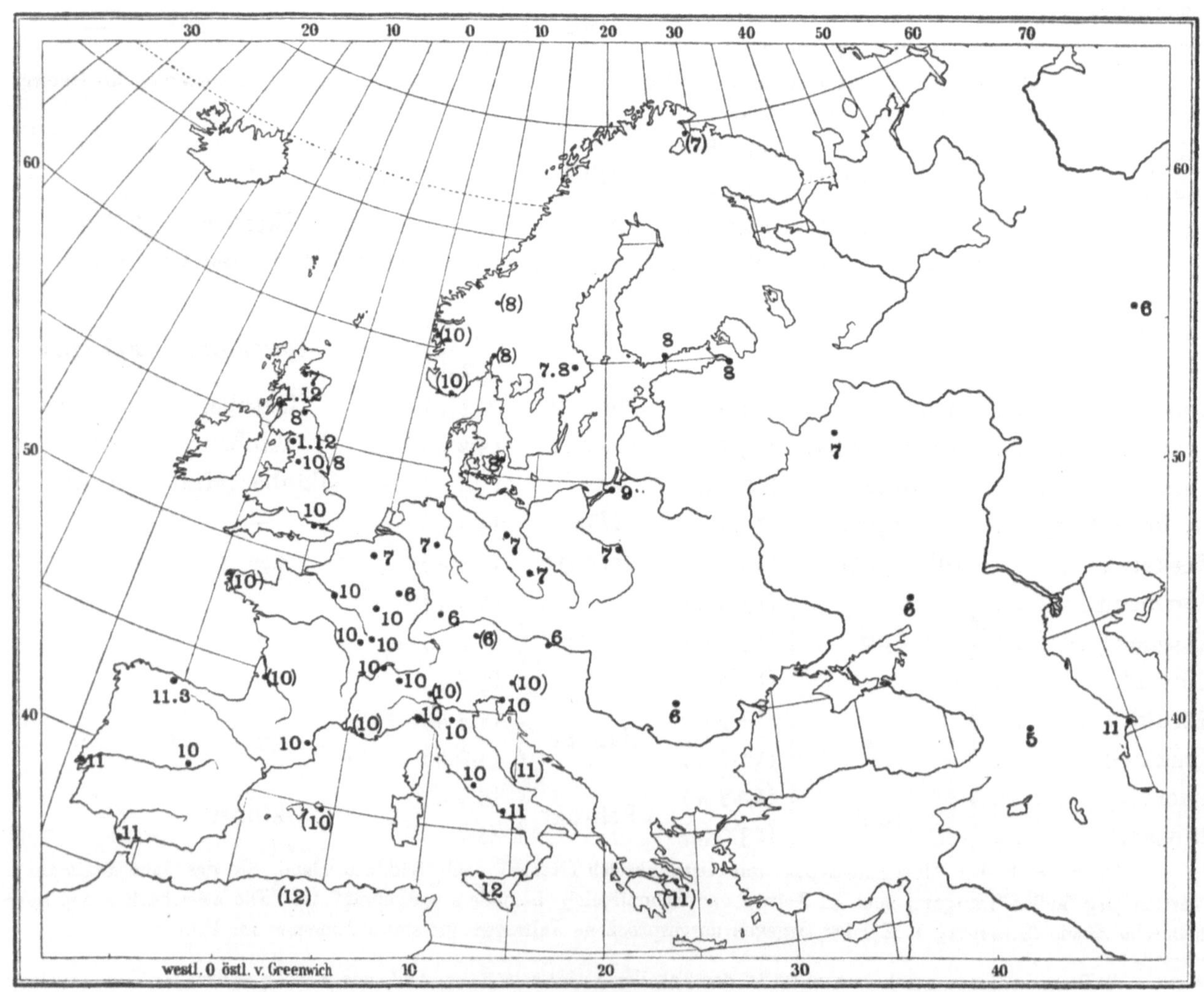

Fig. 1. Monat der größten Niederschlagsmenge in der jährlichen Periode.

zwar nach den wegen der ungleichen Länge der Monate korrigierten Werten in Tabelle 2[a]. Nach Angots Vorschlag sind nämlich die prozentischen Werte der Monate mit 31 Tagen durch 85, derjenigen mit 30 Tagen durch 82 und des Februar durch 77 dividiert. Auf diesem Kärtchen wurden auch für einige Orte mit langjährigen Reihen, die aber nicht aus der Periode 1851—1900 stammen, die Monate der größten Niederschlagsmenge in Klammern ( ) eingetragen.

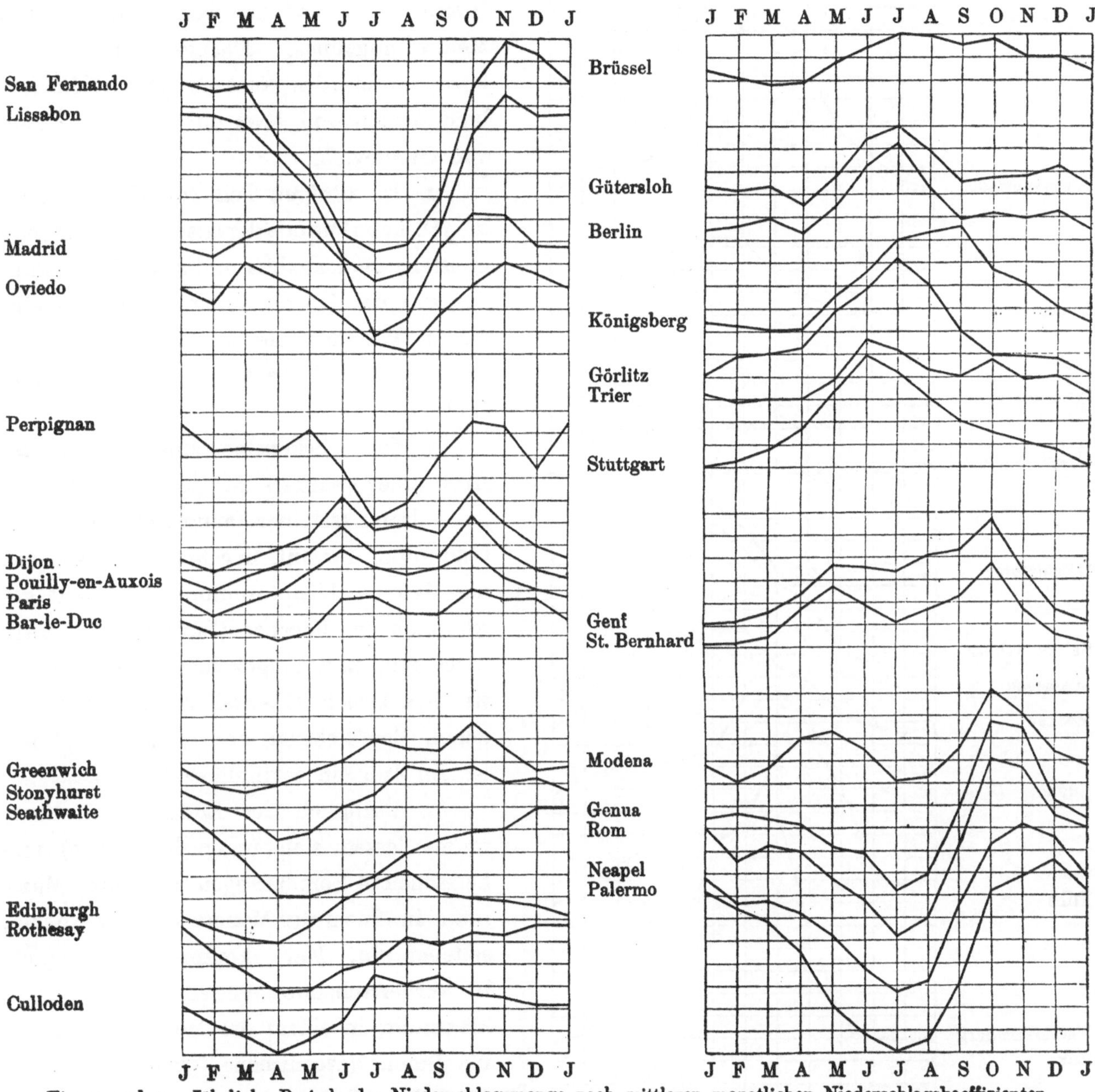

Fig. 2 und 3. Jährliche Periode der Niederschlagsmenge nach mittleren monatlichen Niederschlagskoeffizienten.

Die weitere Diskussion des hier gegebenen Materials, die durch die Figuren 1 bis 4 erleichtert wird, führt zu einigen allgemeinen Gesichtspunkten, die sich wie folgt formulieren lassen:

1. Eine einfache jährliche Periode der Niederschlagsmenge mit einem Maximum und einem Minimum kommt nur im Bereich des reinen ozeanischen Regentypus und des reinen kontinentalen Typus vor. Das Gebiet des ersteren ist klein und beschränkt sich auf einen schmalen Küstenstreifen am Atlantischen Ozean in Nordwesteuropa (Schottland, Irland) sowie auf den südlichen Teil des Mediterrangebiets. Dagegen umfaßt das letztere Gebiet das ganze europäische Binnenland östlich von etwa 20° östlicher Länge von Greenwich.

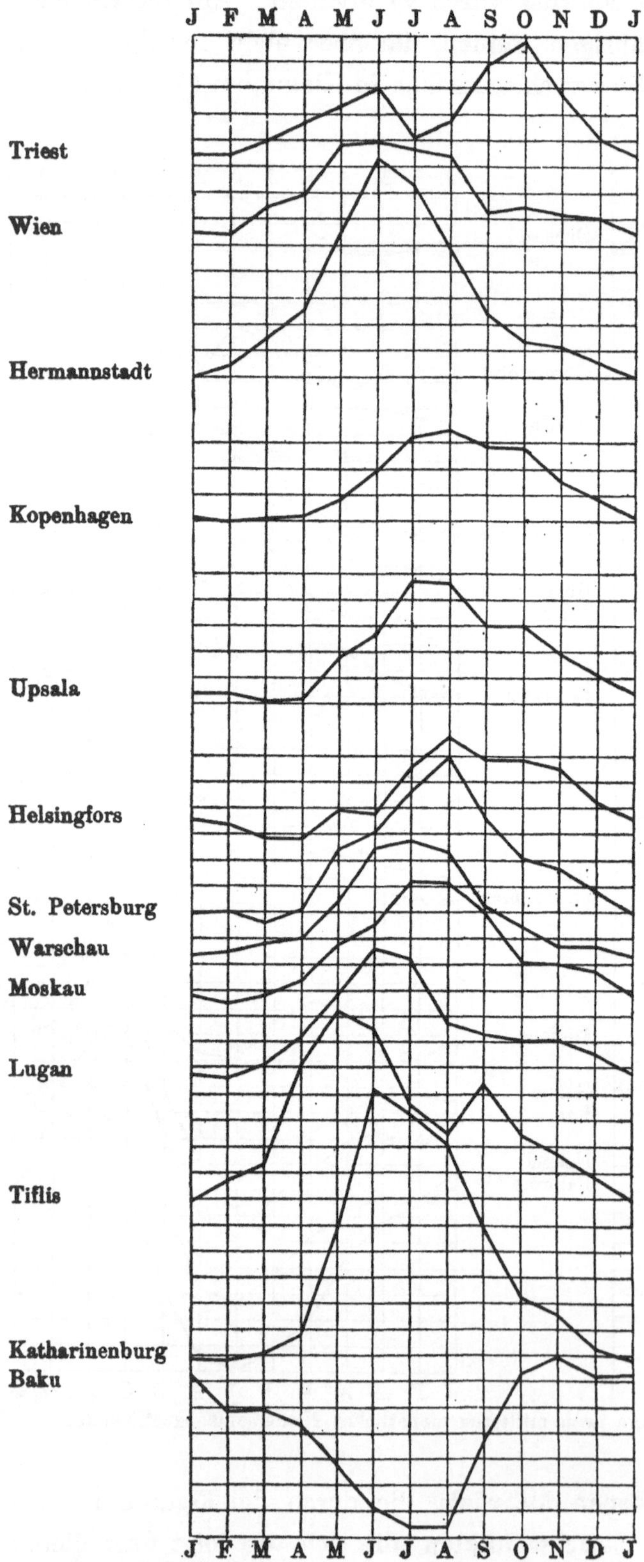

Fig. 4. Jährliche Periode der Niederschlagsmenge nach mittleren monatlichen Niederschlagskoeffizienten.

2. Im übrigen Teil von Europa weist die jährliche Periode der Niederschlagsmenge meistens zwei Maxima und zwei Minima auf, die aus der Überlagerung der beiden einfachen Perioden des ozeanischen und des kontinentalen Regentypus hervorgegangen sind[1]).

3. Die trockensten Monate sind der April (oder Februar) im nördlichen Europa, der Februar (seltener Januar) in Mittel- und Osteuropa, der Juli in Südeuropa. Wo auf den Juli das Hauptminimum fällt, tritt gewöhnlich im Februar (Januar) ein sekundäres auf, und umgekehrt haben Länder, wie Frankreich, Oberitalien und Istrien, in denen der Februar der trockenste Monat ist, im Juli ein sekundäres Minimum.

4. Bezüglich des Eintritts des Maximums lassen sich unterscheiden: a) vorherrschende Sommerregen mit dem Maximum in einem der Monate Juni bis August, seltener im Mai (kontinentaler Typus), b) vorherrschende Winterregen mit dem Maximum in einem der Monate November bis Januar (ozeanischer Typus), c) Herbst-(Frühlings-)Regen mit dem Maximum im Oktober bezw. März (Übergangstypus).

---

[1]) Die Verbreitungsgebiete der sekundären Niederschlagsmaxima im März, Oktober und Dezember innerhalb Nord- und Mitteldeutschlands habe ich im Regenwerk Bd. I S. 86 und 87 kartographisch dargestellt.

Das Regime a herrscht in der ganzen Kontinentalmasse Europas westwärts bis etwa zur Linie Brüssel—Basel, südwärts bis zur Zentralkette der Alpen und umfaßt noch die ganze skandinavische Halbinsel bis dicht an das Norwegische Meer[1]). Das Regime b und c ist im Mittelmeergebiet durch einen trockenen oder fast regenlosen Sommer charakterisiert.

Der Februar und der April sind wahrscheinlich nirgends in Europa der niederschlagreichste Monat. Auch der September scheint nur an ganz vereinzelten Stellen das Maximum zu haben.

5. Schreitet man von Süddeutschland, wo das Maximum des Regenfalls im Juni eintritt, nach Süden fort, so sieht man, wie sich der Eintritt des Maximums allmählich verspätet: erst Juli, dann Juli/August, sodann am Südfuß der Alpen, den September ganz überspringend, Oktober, im mittleren Mediterrangebiet November, im südlichen Dezember.

Eine ganz analoge oscillierende Bewegung macht das Maximum, wenn man von Süddeutschland nach Norden vordringt: erst Juli, darauf Juli/August oder August, sodann, wieder den September überspringend, Oktober. Ein ähnliches Überspringen des September findet in der Richtung von Mitteleuropa nach Westen hin statt: die Gebiete mit Sommerregen stoßen unmittelbar an die mit Herbstregen. Für Nord- und Mitteldeutschland habe ich dieses Verhalten auf Grund der 50jährigen Beobachtungen zahlreicher Stationen kartographisch darstellen können (Regenwerk Bd. I S. 84, vgl. die folgende Figur 5). Die Ursache für diese Verschiebungen im Eintritt der größten monatlichen Niederschlagsmenge ist, wie Supan und ich schon früher

---

[1]) Da nördlich vom 60. Breitengrade keine Station mit einer 50jährigen Beobachtungsreihe aus den Jahren 1851 bis 1900 vorhanden ist, muß man zum Studium der jährlichen Periode des Niederschlags in Skandinavien die Mittelwerte aus kürzeren Reihen benutzen, die Hamberg (Om skogarnes inflytande på Sveriges klimat. IV. Nederbörd. Stockholm 1896. 4⁰) aus den Aufzeichnungen in den Jahren 1860—1895 und neuerdings Mohn (Nedböriagttagelser i Norge. XII, 1906. Kristiania 1907. Fol.) aus 38 bis 40jährigen Messungen bis einschließlich 1906 veröffentlicht haben. Ich habe die schwedischen Beobachtungen von 1895—1907 noch mit in Rechnung gezogen und so 48jährige Mittel für zahlreiche Stationen erhalten.

Darnach scheint, wie auch unsere 50jährigen Mittel von Upsala bestätigen, in Schweden bald der Juli, bald der August der nasseste Monat zu sein, während der Oktober, namentlich nahe der Küste, ein sehr schwaches sekundäres Maximum aufweist. Februar oder April sind die trockensten Monate.

Im Innern Norwegens fällt das Maximum gleichfalls auf den Juli (z. B. Kristiania, Eidsvold, Röros, Tönset) und das Minimum auf den Februar, seltener auf den April. Die Küste aber, von Mandal an der Südspitze bis zu den Lofoten, hat ausgesprochene Herbstregen mit dem Maximum gewöhnlich im Oktober und dem Minimum im April oder Juni. Dabei zeigt sich wieder ein interessanter Übergang von den außen an der Küste gelegenen Orten zu denjenigen im Inneren der Fjorde, die entsprechend dem binnenländischen Typus, der auf dem Fjeld vorherrscht, auch noch starke Juliregen haben. Weiter im Norden wird das Oktobermaximum unbestimmter, wie z. B. Bodö zeigt (August 71, September 105, Oktober 106, November 109, Dezember 87 mm), und noch nördlicher, in Tromsö, scheint sogar das Maximum auf den Winter zu fallen (Aug. 78, Sept. 106, Okt. 98, Nov. 86, Dez. 103, Jan. 108, Febr. 110, März 95 mm). Dagegen haben die nördlichsten Stationen, Alten und Sydvaranger, die schon stark unter dem Einfluß des Binnenlandes stehen, wieder ein Julimaximum und das Minimum im April.

Darnach ist also auch für Skandinavien die Köppensche kartographische Darstellung der Zeit des jährlichen Maximums der Regenmenge abzuändern: das Gebiet des Julimaximums ist größer als dort angegeben, ein Septembermaximum an der Küste bei Bodö und in Südnorwegen gibt es wahrscheinlich garnicht, und ob das Bereich des Dezembermaximums im Hintergrund der Fjorde Südnorwegens eine so große nordsüdliche Ausdehnung besitzt, erscheint sehr fraglich. Von den Stationen mit langen Beobachtungsreihen hat nämlich nur das bekannte Ullensvang am inneren Hardangerfjord (Höhe 30 m, 36 Beobachtungsjahre) ein entschiedenes Wintermaximum (Aug. 83, Sept. 126, Okt. 152, Nov. 132, Dez. 170, Jan. 174, Febr. 112 mm). Die 21jährigen Mittelwerte von dem ebenso bekannten Touristenort Balestrand am inneren Sognefjord sprechen zwar auch für ein Dezember/Januar-Maximum, allein in dem dicht dabei gelegenen Sognedal (Höhe 8 m) ist nach 36jährigen Beobachtungen entschieden der Oktober der nasseste Monat (Juli 105, Aug. 143, Sept. 138, Okt. 154, Nov. 136, Dez. 130, Jan. 127 mm)

hervorgehoben haben[1]), in der mittleren Verteilung des Luftdrucks in den einzelnen Monaten nicht zu finden. Da in Europa die Hauptmenge der Niederschläge in Begleitung von barometrischen Depressionen (cyklonale Regen) fällt, müßte das Verständnis der jährlichen Periode des Regenfalls eher durch die genaue Kenntnis der Zugstraßen der Barometerminima vermittelt werden. Solche Untersuchungen sind zwar schon mehrfach veröffentlicht worden, zuletzt durch van Bebber[2]) für die Periode 1875—1890, leider jedoch ohne Angabe der Häufigkeitszahlen für die verschiedenen Zugstraßen. Diese zeigen allerdings namhafte Unterschiede im Lauf der Depressionen von Monat zu Monat (z. B. September zum Oktober), können aber die jährliche Periode der Niederschlagsmenge deshalb nicht erklären, weil das Quantum der herabfallenden Niederschläge dabei ganz außer Betracht bleibt. Für das Verständnis der jährlichen Periode der Niederschlagshäufigkeit würde die Kenntnis der Häufigkeit der Zugstraßen offenbar viel bessere Dienste tun.

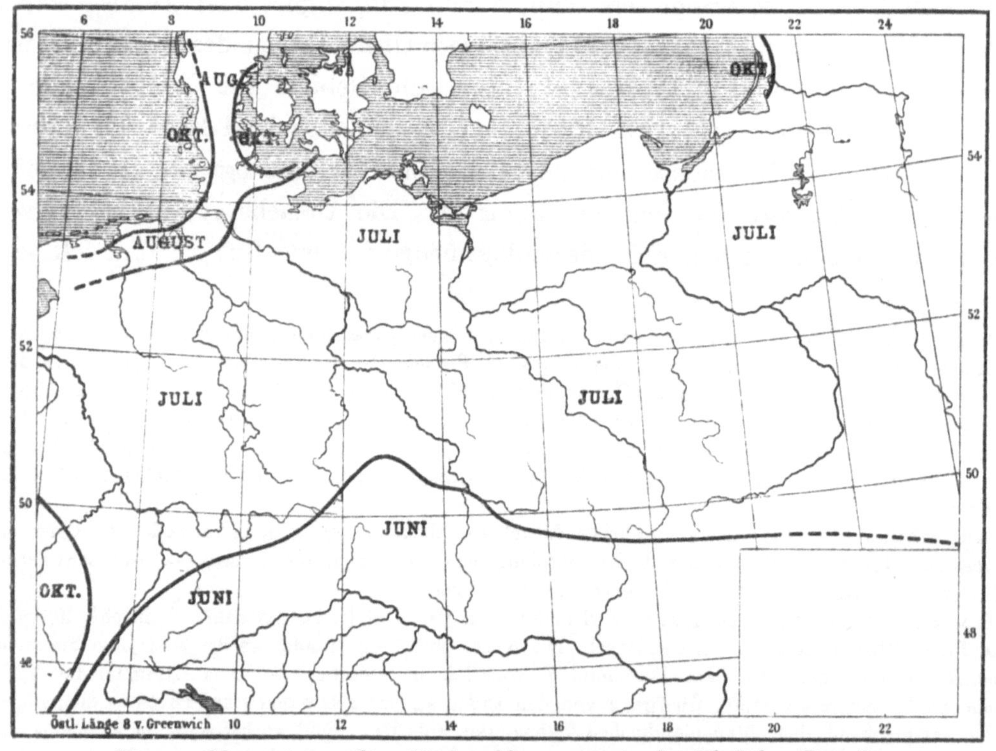

Fig. 5. Monat der größten Niederschlagsmenge in der jährlichen Periode.

Fehlt hiernach noch das nähere Verständnis des kausalen Zusammenhanges zwischen den Luftdruckverhältnissen und dem jährlichen Gang der Regenmenge in Europa, so begreift man andererseits wenigstens die große Ausdehnung des weiten zentraleuropäischen Gebietes mit dem geringsten Niederschlag im Januar oder Februar, wenn man die Luftdruckverteilung dieser Monate zu Rate zieht, z. B. in G. Rung's Répartition de la pression atmosphérique sur

[1]) Supan, Verteilung der Niederschläge auf der festen Erdoberfläche. Gotha 1898. 8°. S. 25, und mein Regenwerk Bd. I S. 87.

[2]) Meteorol. Zeitschr. 1891 S. 361. Auf diesen wie auf allen früheren diesbezüglichen Karten sind die barometrischen Depressionen im Mittelmeer nur teilweise berücksichtigt, weil die zu Grunde liegenden Wetterkarten (der Deutschen Seewarte) nach Süden hin nicht weit genug reichen.

l'Europe (Copenhague 1904 Fol.). Die Zunge hohen Luftdruckes im südlichen Zentraleuropa, die oft über dem östlichen Alpengebiet ein mittleres Maximum von 766 mm einschließt, muß offenbar dafür verantwortlich gemacht werden.

6. Das eben genannte winterliche alpine Luftdruckmaximum ist schon im Regenwerk Bd. I S. 105 von mir als Grund dafür bezeichnet worden, daß im Bereich des dort untersuchten zentralen Alpengebietes eine relative Zunahme der Winterniederschläge nicht erfolgt. Auch die in Tabelle 1 und 2 enthaltene Station auf dem Gr. St. Bernhard zeigt im Vergleich zu Genf keinerlei derartige Zunahme. Diese scheint daher im ganzen Alpengebiet zu fehlen, da Hann auch für die Ostalpen sie nicht nachweisen konnte.

Dagegen verrät die Kurve des jährlichen Ganges der Bergstation Seathwaite in Cumberland deutlich den die Winterniederschläge steigernden Einfluß der Gebirgslage (vgl. Seathwaite mit Rothesay und Stonyhurst).

Die Zunahme der relativen Wintermengen des Niederschlags mit der Höhe bezw. die Umkehr der jährlichen Periode oberhalb eines gewissen Niveaus ist daher bis jetzt in Europa nur nachgewiesen für die Mittelgebirge der Britischen Inseln, Frankreichs, Belgiens und Deutschlands.

7. Die Amplitude (vgl. Tab. 2) oder mittlere periodische Schwankung der Jahreskurve, d. h. die Differenz zwischen dem mittleren höchsten und niedrigsten Monatsmittel, ausgedrückt in Prozenten der Jahressumme, liefert einen prägnanten zahlenmäßigen Ausdruck für den Charakter der Kurve. Ist sie klein, so sind die Niederschläge ziemlich gleichmäßig über das Jahr verteilt, während eine große Amplitude eine sehr ungleiche Verteilung, d. h. eine strenge Periodizität bedeutet.

Die Amplitude hat — abgesehen von Bergstationen — die kleinsten Werte in Bar-le-Duc (4.0), Brüssel (4.0), Nancy (4.3), Trier (5.0), Paris (5.4), also im Gebiete des Übergangs von Herbst- und Sommerregen, wo eine Abstumpfung des Maximums stattfindet, dagegen die größten Werte: einerseits im Bereich des reinen kontinentalen Typus (Katharinenburg 17.2, Hermannstadt 13.5), andererseits in dem der subtropischen Winterregen des Mittelmeergebietes (San Fernando 15.2, Palermo 14.6, Lissabon und Rom 13.5). Wo der reine ozeanische Typus herrscht, ist die Amplitude gleichfalls klein (Rothesay 5.2).

8. Die größte mittlere Monatsmenge, die bei gleichmäßiger Verteilung der Niederschläge auf das Jahr $8^1/_2$ Prozent betragen würde, sinkt in den Gebieten kleinster Amplitude nicht unter 10 Prozent der Jahresmenge herab und steigt im Gebiet der kontinentalen Sommerregen bis zu mehr als 19 Prozent an (Katharinenburg 19.2).

Da für die größte Monatsmenge theoretisch keine obere Grenze existiert, muß auch die Größe der Amplitude von derjenigen des größten Monatswertes abhängen.

9. Daß zwei benachbarte Monate dieselbe mittlere Niederschlagsmenge aufweisen, ist nichts ungewöhnliches. Seltener kommt es schon vor, daß drei oder gar vier Monate hintereinander annähernd gleich große Werte haben. Trifft dies aber bei den höchsten Monatswerten ein, dann erhält die Jahreskurve ein höchst charakteristisches Aussehen, nämlich einen sehr flachen Gipfel.

Dies ist der Fall bei Wien (Mai 11.6, Juni und Juli 11.3, August 10.9%) und vielen Stationen der Zentralalpen, wie ich im Regenwerk Bd. I S. 85 gezeigt habe. Da auch Vorarlberg,

Nordtirol, Salzburg[1]) und Kärnten dasselbe Verhalten zeigen, scheint es eine allgemeinere Eigentümlichkeit weiter Gebiete in dem nördlichen und mittleren Teil der Zentral- und Ostalpen zu sein. Daraus erklären sich die bekannten Klagen über verregnete Sommerreisen in diesen Alpenländern.

Die Schwankungen im Auftreten der jährlichen Periode des Regenfalls habe ich nur soweit untersucht, daß ich die zeitlichen Verschiebungen im Eintritt der größten und kleinsten Monatssumme ermittelte. Dadurch gewinnt man zugleich einen lehrreichen näheren Einblick in das Zustandekommen der jährlichen Periode überhaupt. Es wurde also zunächst festgestellt, mit welcher Häufigkeit das monatliche Maximum und Minimum auf die einzelnen Monate entfällt und daraus die Wahrscheinlichkeit des Eintritts dieser Extreme, ausgedrückt in Prozenten, berechnet. Dabei macht man aber, wie bereits im Regenwerk, Bd I, S. 88 ausgeführt wurde, die Wahrnehmung, daß den absoluten Extremen eigentlich eine zu große Bedeutung beigelegt wird, wenn nur sie allein Beachtung finden; denn neben ihnen kommen oft sehr hohe bezw. sehr niedrige Werte vor, die jenen nur um wenige Millimeter nachstehen und auf einer Nachbarstation vielleicht wirklich mit den Hauptextremen zusammenfallen.

Ich habe daher neben der höchsten bezw. niedrigsten Monatssumme auch die zweithöchste und dritthöchste bezw. die zweitniedrigste und drittniedrigste in Betracht gezogen und für alle sechs Größenwerte die Wahrscheinlichkeit ihres Eintritts in Prozenten ermittelt. Es geschah dies aber nur für die 28 Stationen, deren ausführliche Reihen auf S. I—XXVIII abgedruckt sind, während man im Regenwerk, Bd. I, S. 89—94 dieselben Angaben für einige zwanzig andere Stationen aus dem Einzugsgebiet der norddeutschen Ströme findet (Tabelle 3).

Die Diskussion dieser Tabellen führt zu folgenden Ergebnissen, die zum Teil auf dem sogleich zu erörternden prinzipiellen Unterschied zwischen dem mittleren und dem häufigsten Wert beruhen.

1. Wie schon Supan hervorgehoben hat, sind die Monate, die nach den Mittelwerten (Tab. 1 und 2) die Extreme in der Jahresperiode haben, nicht immer zugleich auch diejenigen, die sie in den einzelnen Jahren einer langen Beobachtungsreihe am häufigsten aufweisen. Vergl. z. B.: Lissabon, Madrid, Rom, Neapel, Hermannstadt usw.

2. In der Westhälfte Mitteleuropas kann die größte monatliche Niederschlagsmenge auf alle 12 oder auf fast alle Monate (11) des Jahres fallen.

Schreitet man von da nach Süden in das Gebiet der subtropischen Regen vor, so konzentriert sich zwar das Maximum zeitlich mehr, d. h. es fällt nur auf 8 Monate[2]), aber noch viel stärker macht sich ein solches zeitliches Zusammendrängen bemerkbar beim Fortschreiten nach Osten hin, in das Gebiet ausgesprochener Kontinentalregen. Während in Berlin und Halle a. S. die größte Monatsmenge noch in 11 Monaten, in Wien und Triest sogar in allen 12 vorgekommen ist, tritt sie in Görlitz, Prag und Krakau bereits nur in 8 Monaten, in

---

[1]) Vgl. F. Kerner v. Marilaun, Veränderlichkeit der jährlichen Niederschlagsperiode im Gebiete zwischen der Donau und nördlichen Adria. Wien 1908. 4°. S. 16.

[2]) Man beachte, wie sehr sich Madrid in der Mitte der iberischen Halbinsel trotz seiner südlichen Lage in dieser Beziehung als kontinental erweist: das Maximum ist in 11 und das Minimum in allen 12 Monaten vorgekommen.

Tabelle 3. Wahrscheinlichkeit (in Proz.) des Eintritts der drei Höchstwerte (M) und der drei Niedrigstwerte (m) der monatlichen Niederschlagsmenge (1851—1900).

		Jan.	Febr.	März	April	Mai	Juni	Juli	Aug.	Sept.	Okt.	Nov.	Dez.
San Fernando . . .	M_1	18	8	6	2	2				4	16	**24**	20
	M_2	8	10	**20**	4	2				2	**20**	18	16
	M_3	10	18	**24**	10	4				2	10	12	10
	ΣM	36	36	50	16	8				8	46	**54**	46
	m_1		6	2		8	28	**82**	60	12	2	6	
	m_2		4		4	8	**28**	12	24	12	4	4	6
	m_3	4	2	4	12	14	20	4	8	**26**	4	6	2
	Σm	4	12	6	16	30	76	**98**	92	50	10	16	8
	$\Sigma M - \Sigma m$	32	24	**44**	0	-22	-76	-98*	-92	-42	36	38	38
Lissabon	M_1	12	16	12	6	2					8	20	**24**
	M_2	14	12	16	14	4					14	**18**	8
	M_3	**22**	10	16	8	14				6	12	10	8
	ΣM	**48**	38	44	28	20				6	34	**48**	40
	m_1						14	**56**	44	4		2	2
	m_2		2	2	2	4	20	**30**	26	14	2	2	2
	m_3	2	6	2	6	4	**34**	14	10	16	4		6
	Σm	2	8	4	8	8	68	**100**	80	34	6	4	10
	$\Sigma M - \Sigma m$	**46**	30	40	20	12	-68	-100*	-80	-28	28	44	30
Madrid[1])	M_1	6	8	13	11	8	4		2	6	15	**19**	6
	M_2	6	2	**13**	**13**	**13**	11	2	4	8	**13**	4	11
	M_3	6	6	6	8	11	4			15	17	**19**	11
	ΣM	18	16	32	32	32	19	2	6	29	**45**	42	28
	m_1	6	11	2	4	2	11	**43**	23	11	2	4	2
	m_2	13	6	6	11		11	13	**26**	15	4	2	11
	m_3	4	8	8	8	4	4	**19**	**19**	2	8	11	11
	Σm	23	25	16	23	6	26	**75**	68	28	14	17	24
	$\Sigma M - \Sigma m$	- 5	- 9	16	9	26	- 7	- 73*	-62	1	**31**	25	4
Dijon	M_1	2		6	4	10	16	12	10	6	**32**	2	4
	M_2	2		2	8	8	18	10	10	12	8	**24**	4
	M_3	6	6	4	6	8	12	10	12	8	10	**14**	12
	ΣM	10	6	12	18	26	46	32	32	26	**50**	40	20
	m_1	10	14	12	10	6	4	4	8	12	6	4	**18**
	m_2	12	**26**	18	14		2	8	6	6	2	8	2
	m_3	12	10	**18**	16	10	6	4	4	6	6	6	6
	Σm	34	**50**	48	40	16	12	16	18	24	14	18	26
	$\Sigma M - \Sigma m$	-24	-44*	-36	-22	10	34	16	14	2	**36**	22	- 6
Paris.	M_1	2	2	2	4	16	16	12	2	14	**22**	4	4
	M_2	10	2	8	2	2	10	**20**	14	14	12	14	8
	M_3		6	6	16	12	14	10	**18**	6	2	6	6
	ΣM	12	10	16	22	30	40	**42**	34	34	36	24	18
	m_1	10	**30**	16	10	4	6	4		6	8	12	10
	m_2	6	12	8	**14**	4	2	8	8	10	6	12	10
	m_3	**20**	14	6	12	4	8	2	10	4	10	4	10
	Σm	36	**56**	30	36	12	16	14	18	20	24	28	30
	$\Sigma M - \Sigma m$	-24	-46*	-14	-14	18	24	**28**	16	14	12	-4	-12
Greenwich.	M_1	2	4	2		8	4	18	8	12	**28**	8	6
	M_2	4	2	8	4	8	12	10	12	**14**	12	**14**	6
	M_3	**22**	6	6	10	4	10	10	12	10	10	4	6
	ΣM	28	12	16	14	20	26	38	32	36	**50**	26	18
	m_1	8	10	**16**	12	6	8	12	6	8	2	10	4
	m_2	6	**26**	16	16	12	6	6	4	8	2	2	8
	m_3	14	8	12	8	8	8		10	8	4	12	**16**
	Σm	28	**44**	**44**	36	26	22	18	20	24	8	24	28
	$\Sigma M - \Sigma m$	0	-32*	-28	-22	- 6	4	20	12	12	**42**	2	-10

[1]) Nur 1854—1900.

Tabelle 3. Wahrscheinlichkeit (in Proz.) des Eintritts der drei Höchstwerte (M) und der drei Niedrigstwerte (m) der monatlichen Niederschlagsmenge (1851—1900). (Fortsetzung.)

		Jan.	Febr.	März	April	Mai	Juni	Juli	Aug.	Sept.	Okt.	Nov.	Dez.
Stonyhurst	M_1	4	4	2	2		4	6	20	20	**22**	8	14
	M_2	**14**	8	4		2	4	10	**14**	12	**14**	10	10
	M_3	14	4	4	2	6	10	10	14	8	10	8	**16**
	ΣM	32	16	10	4	8	18	26	**48**	40	46	26	40
	m_1	10	16	14	**22**	16	8	10		2		4	2
	m_2	2	14	6	**22**	18	8	8	2	6	4	10	4
	m_3	6	6	6	**16**	10	12	8	4	10	6	10	6
	Σm	18	36	26	**60**	44	28	26	6	18	10	24	12
	$\Sigma M - \Sigma m$	14	-20	-16	-56*	-36	-10	0	**42**	22	36	2	28
Edinburgh	M_1		6	2	2	2	8	18	**26**	14	8	4	10
	M_2	16		2		4	4	14	**22**	12	6	18	4
	M_3	14	2	8		10	8	14	8	8	**20**	12	2
	ΣM	30	8	12	2	16	20	46	**56**	34	34	34	16
	m_1	16	12	10	**20**	12	6	6	10	8	4	2	2
	m_2	8	16	12	**24**	8	8	6	4	2	6	8	6
	m_3	10	**20**	16	8	8	6	8		10	2	8	12
	Σm	34	48	38	**52**	28	20	20	14	20	12	18	20
	$\Sigma M - \Sigma m$	- 4	-40	-26	-50*	-12	0	26	**42**	14	22	16	- 4
Rothesay	M_1	16	4	2	2		2	2	12	16	14	10	**22**
	M_2	**24**	4	10			4	8	8	8	14	10	12
	M_3	10	10	8		4	4		12	10	14	10	**20**
	ΣM	50	18	20	2	4	10	10	32	34	42	30	**54**
	m_1	6	12	16	18	**20**	12	6		4	2	4	2
	m_2	6	4	4	**18**	16	14	8	12	10	4	6	4
	m_3		18	**22**	14	6	8	10	2	16	8	4	2
	Σm	12	34	42	**50**	42	34	24	14	30	14	14	8
	$\Sigma M - \Sigma m$	38	-16	-22	-48*	-38	-24	-14	18	4	28	16	**46**
Gütersloh	M_1	2	2	6		4	18	**36**	14	2	4	4	8
	M_2	2	4	10	4	8	12	8	10	10	10	8	**14**
	M_3	**18**	4		2	6	12	14	8	8	12	8	8
	ΣM	22	10	16	6	18	42	**58**	32	20	26	20	30
	m_1	14	14	6	**28**	8	2		2	8	8	2	8
	m_2	6	**20**	14	12	6	8	4	2	6	10	6	6
	m_3	10	4	4	10	8	8	8	2	12	4	**20**	10
	Σm	30	38	24	**50**	22	18	12	6	26	22	28	24
	$\Sigma M - \Sigma m$	- 8	-28	- 8	-44*	- 4	24	**46**	26	- 6	4	- 8	6
Berlin	M_1		2	12	6	6	16	**24**	14	2	8	4	6
	M_2	2	4	6		10	16	**24**	14	2	8	8	6
	M_3	6	4	4	**14**	10	8	12	8	8	6	6	14
	ΣM	8	10	22	20	26	40	**60**	36	12	22	18	26
	m_1	4	**26**	20	10	8	2		4	6	10	8	2
	m_2	16	12	2	**18**	4	2	2	2	10	8	**18**	6
	m_3	10	4	8	**16**	6	2	4	6	10	6	14	14
	Σm	30	42	30	**44**	18	6	6	12	26	24	40	22
	$\Sigma M - \Sigma m$	-22	-32*	- 8	-24	8	34	**54**	24	-14	-2	-22	4
Königsberg i. Pr.	M_1					4	8	24	22	**28**	10	2	2
	M_2	4				6	12	**18**	**18**	12	14	14	2
	M_3	4	4	6	4	6	4	8	10	**20**	16	8	10
	ΣM	8	4	6	4	16	24	50	50	**60**	40	24	14
	m_1	10	**28**	12	20	4	4	4		2	4	6	6
	m_2	**18**	14	14	14	10	6	2			10	8	4
	m_3	12	12	**18**	**18**	8	2	2	6	8		4	10
	Σm	40	**54**	44	52	22	12	8	6	10	14	18	20
	$\Sigma M - \Sigma m$	-32	-50*	-38	-48	- 6	12	42	44	**50**	26	6	- 6

Tabelle 3. Wahrscheinlichkeit (in Proz.) des Eintritts der drei Höchstwerte (M) und der drei Niedrigstwerte (m) der monatlichen Niederschlagsmenge (1851—1900). (Fortsetzung.)

		Jan.	Febr.	März	April	Mai	Juni	Juli	Aug.	Sept.	Okt.	Nov.	Dez.
Görlitz	M_1		2	4		10	16	**36**	22	6			4
	M_2		6	6	8	16	8	10	**20**	8	8	6	4
	M_3		2	8	6	12	**22**	14	12	10	4	6	4
	ΣM		10	18	14	38	46	**60**	54	24	12	12	12
	m_1	**20**	**20**	2	12	2			2	12	12	6	12
	m_2	10	14	14	6	4	2	2	12	2	14	**16**	4
	m_3	14	10	8	**20**		4	4		10	6	6	18
	Σm	**44**	**44**	24	38	6	6	6	14	24	32	28	34
	$\Sigma M - \Sigma m$	-44*	-34	- 6	-24	32	40	**54**	40	0	-20	-16	-22
Genf	M_1			8		10	4	16	16	14	**24**	6	4
	M_2	4	4		6	12	16	8	8	10	**20**	10	2
	M_3	4	8	6	4	14	8	8	**18**	14	14	4	2
	ΣM	8	12	14	10	36	28	32	42	38	**58**	20	8
	m_1	**18**	**18**	12	6	2	6		4	12	6	4	12
	m_2	14	16	14	8	6	10	8	2	2	2	4	**18**
	m_3	12	**20**	14	16	4	2	8	2	2	6	8	12
	Σm	44	**54**	40	30	12	18	16	8	16	14	16	42
	$\Sigma M - \Sigma m$	-36	-42*	-26	-20	24	10	16	34	22	**44**	4	-34
Modena	M_1	6	2		6	14	6	4	4	4	**24**	18	14
	M_2	8	6	4	16	10	8	6		8	**18**	14	8
	M_3	4	10	10	10	2	4	4	10	**18**	14	10	4
	ΣM	18	18	14	32	26	18	14	14	30	**56**	42	26
	m_1	14	**22**	8		2		18	16	10	4	2	10
	m_2	10	10	16	8	2	10	**14**	10	8	2	4	**14**
	m_3	**16**	**16**	2	8	10	8	6	14	10	2	14	12
	Σm	40	**48**	26	16	14	18	38	40	28	8	20	36
	$\Sigma M - \Sigma m$	-22	-30*	-12	16	12	0	-24	-26	2	**48**	22	-10
Genua	M_1	12	6	2	6					10	**32**	26	6
	M_2	6	8	12	12	4	2		2	2	**24**	12	16
	M_3	2	10	8	8	4	10			18	4	**22**	14
	ΣM	20	24	22	26	8	12		2	30	**60**	**60**	36
	m_1	6	12	4	2	2	14	**36**	18	6		4	6
	m_2	8	6	10	8	6	14	12	**24**	2	6		12
	m_3	4	14	2	**16**	6	4	14	8	14	6	4	12
	Σm	18	32	16	26	14	32	**62**	50	22	12	8	30
	$\Sigma M - \Sigma m$	2	- 8	6	0	- 6	-20	-62*	-48	8	48	**52**	6
Rom	M_1	10	4	8	2					8	**24**	**24**	20
	M_2	**24**	4	12	4	6		2		6	20	10	12
	M_3	4	8	10	10	8	4		4	6	**22**	16	14
	ΣM	38	16	30	16	14	4	2	4	20	**66**	50	46
	m_1	2	10	2	2	8	14	**56**	26		2		2
	m_2	2	6	2	8	10	16	16	**30**	6			10
	m_3	4	10	10	6	14	**20**	10	10	10	2	4	2
	Σm	8	26	14	16	32	50	**82**	66	16	4	4	14
	$\Sigma M - \Sigma m$	30	-10	16	0	-18	-46	-80*	-62	4	**62**	46	32
Neapel	M_1	12	4	4	4					6	20	22	**28**
	M_2	12	12	4	4	8				12	**22**	16	12
	M_3	10	6	16	12	4	2		2	6	16	12	**18**
	ΣM	34	22	24	20	12	2		2	24	**58**	50	**58**
	m_1	2	6		2	8	20	**40**	24	2			2
	m_2	2	10	2	6	8	10	28	**32**	6			2
	m_3	2	6	10	14	2	**28**	14	10	8	4	2	6
	Σm	6	22	12	22	18	58	**82**	66	16	4	2	10
	$\Sigma M - \Sigma m$	28	0	12	- 2	- 6	-56	-82*	-64	8	**54**	48	48

Tabelle 3. Wahrscheinlichkeit (in Proz.) des Eintritts der drei Höchstwerte (M) und der drei Niedrigstwerte (m) der monatlichen Niederschlagsmenge (1851—1900). (Fortsetzung.)

		Jan.	Febr.	März	April	Mai	Juni	Juli	Aug.	Sept.	Okt.	Nov.	Dez.
Triest	M_1	4	2	4	10	6	4	2	2	18	**38**	8	2
	M_2	2		6	6	6	18	4	12	**20**	14	8	10
	M_3	4	6	12	6	10	2	6	10	14	6	**22**	2
	ΣM	10	8	22	22	22	24	12	24	52	**58**	38	14
	m_1	16	**30**	8	4			6	4	8	10	10	8
	m_2	14	8	**16**	8	10	8	4	10	6	2	6	14
	m_3	14	10	6	8	6	6	**16**	12	4	2	6	12
	Σm	44	**48**	30	20	16	14	26	26	18	14	22	34
	$\Sigma M - \Sigma m$	−34	−40*	− 8	2	6	10	−14	−2	34	**44**	16	−20
Wien	M_1	2	4	2	8	**26**	18	14	10	2	8	4	2
	M_2	2	4	10	8	16	12	8	**18**	4	2	10	8
	M_3	4	2	8	6	2	14	**20**	**20**	10	6	2	12
	ΣM	8	10	20	22	44	44	42	**48**	16	16	16	22
	m_1	**22**	20	6	10	2			2	8	12	10	16
	m_2	4	**24**	8	8	6	4	4		14	6	14	20
	m_3	**16**	8	14	12	6	8	4	10	10	6	4	12
	Σm	42	**52**	28	30	14	12	8	12	32	24	28	48
	$\Sigma M - \Sigma m$	−34	−42*	− 8	− 8	30	32	34	**36**	−16	− 8	−12	−26
Hermannstadt ...	M_1					20	32	**34**	14				
	M_2			2	12	18	**34**	16	12	4	2	2	
	M_3			2	6	16	14	**26**	20	8	6	2	
	ΣM			4	18	54	**80**	76	46	12	8	4	
	m_1	**30**	24	10	8	2	2			4	2	12	18
	m_2	**26**	14	6	6		2		2	14	10	14	14
	m_3	12	8	16	10			2	2	8	10	18	**20**
	Σm	**68**	46	32	24	2	4	2	4	26	22	44	52
	$\Sigma M - \Sigma m$	−68*	−46	−28	− 6	52	**76**	74	42	−14	−14	−40	−52
Kopenhagen	M_1		2		4	8		20	**24**	12	18	8	4
	M_2	4	2	4	2	2	14	14	12	**18**	10	8	10
	M_3	8		2	2	6	14	**16**	**16**	10	12	10	8
	ΣM	12	4	6	8	16	28	50	**52**	40	40	26	22
	m_1	12	**22**	12	14	6	6	6	2		8	6	16
	m_2	8	16	14	**18**	12	6		6	10	4	10	
	m_3	**18**	14	14	12	6	10	10	2	4	2	8	10
	Σm	38	**52**	40	44	24	22	16	10	14	14	24	26
	$\Sigma M - \Sigma m$	−26	−48*	−34	−36	−8	6	34	**42**	26	26	2	− 4
Upsala	M_1					4	6	26	**34**	16	10	4	2
	M_2	4	4		4	8	12	16	**22**	8	22	6	2
	M_3	4	2	2		8	14	**18**	6	14	14	14	10
	ΣM	8	6	2	4	20	32	60	**62**	38	46	24	14
	m_1	6	**36**	16	26	6		2	2	4	6	8	4
	m_2	**26**	6	18	14	8	10	2	4	6	4	4	6
	m_3	**18**	10	12	12	8	4	4	6	4	4	12	8
	Σm	50	**52**	46	**52**	22	14	8	12	14	14	24	18
	$\Sigma M - \Sigma m$	−42	−46	−44	−48*	−2	18	**52**	50	24	32	0	− 4
Helsingfors	M_1				2	4	2	16	**26**	14	24	8	6
	M_2			2	4	2	8	12	**20**	14	16	18	8
	M_3	8	6	6	2	**14**	4	10	12	**14**	8	**14**	6
	ΣM	8	6	8	8	20	14	38	**58**	42	48	40	20
	m_1	6	16	20	**24**	12	6	6	2	2	4	2	8
	m_2	6	16	**20**	14	2	**20**	2	4	8	4	2	10
	m_3	12	**14**	8	**14**	8	12	6		8	8	2	12
	Σm	24	46	48	**52**	22	38	14	6	18	16	6	30
	$\Sigma M - \Sigma m$	−16	−40	−40	−44*	−2	−24	24	**52**	24	32	34	−10

Tabelle 3. Wahrscheinlichkeit (in Proz.) des Eintritts der drei Höchstwerte (M) und der drei Niedrigstwerte (m) der monatlichen Niederschlagsmenge (1851—1900). (Schluß.)

		Jan.	Febr.	März	April	Mai	Juni	Juli	Aug.	Sept.	Okt.	Nov.	Dez.
St. Petersburg . . .	M_1					12	12	24	**32**	14	6	2	
	M_2				2	6	14	**30**	18	14	10	2	4
	M_3			2	2	16	10	16	8	**22**	16	6	10
	ΣM			2	4	34	36	**70**	58	50	32	10	14
	m_1	14	20	**26**	14	6	2	6	2	2		4	8
	m_2	16	18	**22**	18	6	8		2	4	8	4	16
	m_3	14	**20**	**20**	**20**	6	4		2	4	8	2	6
	Σm	44	58	**68**	52	18	14	6	6	10	16	10	30
	$\Sigma M - \Sigma m$	-44	-58	-66*	-48	16	22	**64**	52	40	16	0	16
Moskau[1])	M_1	4					4	**40**	31	13	4	2	2
	M_2		2	2	2	7	**24**	7	13	18	7	13	11
	M_3	4	2	4	7	**20**	7	13	13	18	15	2	7
	ΣM	8	4	6	9	27	35	**60**	57	49	26	17	20
	m_1	7	**26**	18	13	9			7	7	9	4	9
	m_2	**20**	18	13	9	4	4	4		7	11	4	13
	m_3	15	9	11	**18**	4	13	4	4	7	9	**18**	7
	Σm	42	**53**	42	40	17	17	8	11	21	29	26	29
	$\Sigma M - \Sigma m$	-34	-49*	-36	-31	10	18	**52**	46	28	- 3	- 9	- 9
Tiflis	M_1				18	**26**	22	14	6	8	6		
	M_2		2	2	8	24	**26**	12	10	10	2	6	8
	M_3	2	2	8	**16**	**16**	**16**	2	10	**16**	4	8	2
	ΣM	2	4	10	42	**66**	64	28	26	34	12	14	10
	m_1	**28**	18	8				8	8	4	12	14	14
	m_2	**22**	20	16	4		4	14	6	6	4	10	16
	m_3	14	14	10	2			10	14	4	12	6	**18**
	Σm	**64**	52	34	6		4	32	28	14	28	30	48
	$\Sigma M - \Sigma m$	-62*	-48	-24	36	**66**	60	-4	-2	20	-16	-16	-38
Katharinenburg . .	M_1					8	30	**34**	22	10			
	M_2					16	**26**	20	24	4	10	2	
	M_3					16	**24**	18	18	12	6	8	
	ΣM					40	**80**	72	64	26	16	10	
	m_1	**30**	**30**	28	10					2	2	8	8
	m_2	20	**28**	12	14	4				2	14	8	18
	m_3	18	14	18	12	2				2	6	18	**24**
	Σm	68	**72**	58	36	6				6	22	34	50
	$\Sigma M - \Sigma m$	-68	-72*	-58	-36	34	**80**	72	64	20	- 6	-24	-50

Warschau in 6, in St. Petersburg und Moskau in 7, in Katharinenburg in 5 und in dem exzessiven Hermannstadt sogar nur in 4 Monaten ein, nämlich Mai, Juni, Juli, August.

3. Der Eintritt der kleinsten monatlichen Niederschlagsmenge im Jahr verteilt sich im allgemeinen auf mehr Monate als derjenige der größten Monatsmenge, z. B. Neapel Max. 8, Min. 10 Monate; Genf 9, 11; Görlitz 8, 10; Warschau 6, 10; Katharinenburg 5, 8; Hermannstadt 4, 10; doch kommen auch Ausnahmen vor, z. B. Wien und Triest 12, 10; Paris 12, 11; Lissabon 8, 6.

4. Die Höchstbeträge der Wahrscheinlichkeit für das Eintreten des Minimums sind größer als diejenigen des Maximums im Gebiet der subtropischen Regen, sonst kleiner, d. h.

[1]) Nur 1853—1900, außer 1859.

im Mittelmeergebiet wird die jährliche Periode des Regenfalls mehr durch die trockene als durch die nasse Zeit bestimmt. Umgekehrt verhält es sich in den Gebieten mit Niederschlägen zu allen Jahreszeiten.

5. Der Betrag der Wahrscheinlichkeit für das Eintreten der größten Menge in einem Monat erreicht im Maximum 40 % (Moskau), sinkt aber in Nancy bis auf 14 und selbst in Madrid bis auf 19 % herab.

Die Höchstwerte der Wahrscheinlichkeit sind bei der kleinsten Monatsmenge 82 % in San Fernando und 56 in Lissabon, dagegen gehen sie herab auf 16 % in Greenwich und Warschau, 18 % in Dijon und Torgau.

6. Die zweithöchsten und dritthöchsten bezw. zweitniedrigsten und drittniedrigsten Werte der monatlichen Niederschlagssummen gruppieren sich am häufigsten in zeitlicher Nähe der absoluten Extreme, fallen sogar öfters mit diesen zusammen. Dadurch wird die jährliche Periode der Niederschlagsmenge erheblich verschärft; vergl. z. B. Hermannstadt, wo M_1, M_2, M_3 am häufigsten im Juni und Juli vorkommen und ebenso m_1, m_2, m_3 im Dezember und Januar.

Wo sekundäre Maxima und Minima in der Jahreskurve des Niederschlags auftreten, rücken auch die Höchstwerte für die Wahrscheinlichkeit des Eintretens der M und der m zeitlich weiter auseinander.

Es wird daher begreiflich, daß die drei höchsten und die drei niedrigsten Monatssummen des Niederschlags dessen jährlichen Gang schon ziemlich gut bestimmen, und zwar durch die Relativzahlen $\Sigma M - \Sigma m$. Wo die Jahreskurve flach verläuft oder deutlich ausgesprochene sekundäre Extreme aufweist, ist die Übereinstimmung mit der aus den mittleren Monatssummen gezeichneten Kurve eine sehr weitgehende, wie die Fig. 6 für Rothesay und Modena beweist.

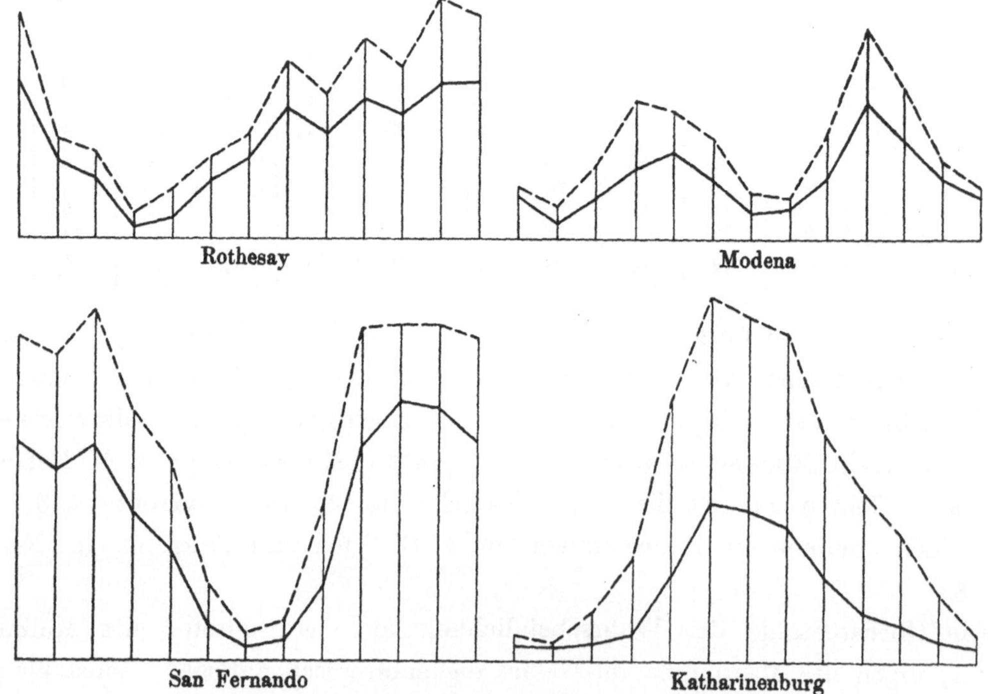

Fig. 6 und 7. Jahreskurve der Niederschlagshöhe (——) und der durch die drei höchsten und drei niedrigsten Monatsmengen bestimmten Relativzahlen (---).

Dagegen wird die Jahreskurve durch die genannten Relativzahlen zu steil ausgestaltet, wenn alle M und alle m in ihren Höchstwerten jeweilig zeitlich nahe bei einander liegen. Das zeigt Fig. 7 für San Fernando und Katharinenburg, d. h. für die Stationen mit streng periodischen Niederschlägen.

Mittlere Abweichungen der Niederschlagsmenge.

Da die numerischen Schwankungen der Niederschlagsmenge durch Abweichungen von oder durch Verhältniszahlen zu dem Mittelwert bestimmt werden, erscheint es zweckmäßig, sich vor Eintritt in die Untersuchung dieser Schwankungen erst die wahre Bedeutung dieses Mittelwertes klar zu machen, da aus ihr ohne weiteres einige Gesetzmäßigkeiten folgen, die das Ergebnis der Rechnung durchaus bestätigt.

Während bei dem Betrag der Lufttemperatur theoretisch weder eine obere noch untere feste Grenze besteht, ist beim Niederschlag die letztere vorhanden, nämlich Null oder Regenlosigkeit. Infolgedessen fällt das arithmetische Mittel größer aus, als der am häufigsten auftretende Wert, der dem unteren Grenzwert (Null) näher rückt. Dies gilt nicht bloß für Orte, an denen regenlose Monate vorkommen, sondern im allgemeinen überall.

Zur rechnerischen Ermittlung des häufigsten Wertes oder, wie ihn H. Meyer genannt hat, des Scheitelwertes der Niederschlagsmenge eines Ortes, würde eine außerordentlich lange Reihe von Beobachtungen nötig sein, die wir noch nicht besitzen. Aber auch die graphische Darstellung der Häufigkeitskurve der einzelnen Niederschlagssummen zeigt gewöhnlich noch so zahlreiche Unregelmäßigkeiten, daß der Scheitelwert aus ihr gleichfalls nicht immer sicher entnommen werden kann. Ich wähle als Beispiele die 93 jährige Reihe von Greenwich mit relativ geringen Schwankungen der Jahresmenge zwischen 16 und 36 inches und die 88 jährige von Madras, wo sich die Jahressumme zwischen 18 und 89 inches bewegte. Die beiden in demselben Maßstab gezeichneten Figuren 8 und 9 geben die Häufigkeitskurven, in denen das arithmetische Mittel durch einen stärkeren Punkt bezeichnet ist. Für Greenwich läßt sich der Scheitelwert zu rund 22.5 inches bestimmen, während das 93 jährige Mittel 24.36 inches ergibt, dagegen verläuft die Kurve von Madras noch so unregelmäßig, daß ein einziger häufigster Wert nicht hervortritt. Der häufigste Wert liegt bei 36 und der zweithäufigste bei 46 inches, während das arithmetische Mittel 48.93 beträgt. Das eine geht aber aus beiden Kurven deutlich hervor, daß der mittlere Wert größer als der häufigste ist.

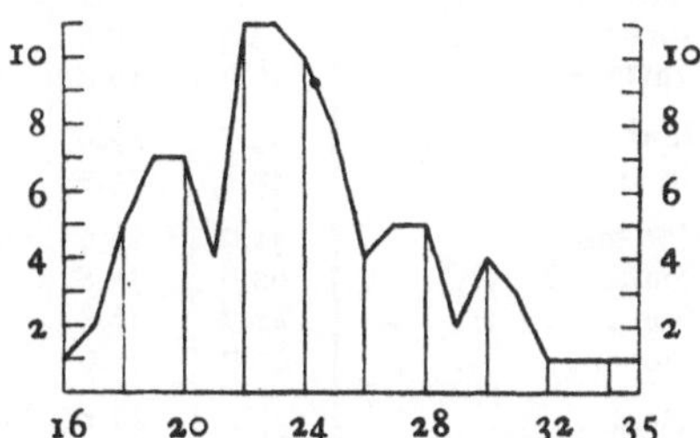

Fig. 8. Häufigkeitskurve der jährlichen Niederschlagsmenge (in inches) zu Greenwich, 1815—1907. Der Punkt entspricht dem arithmetischen Mittel.

Daraus ergibt sich nun sofort die Tatsache, daß die Zahl der positiven Abweichungen der Einzelwerte vom Mittel kleiner ist als die der negativen, d. h. nach dem arithmetischen Mittel beurteilt, gibt es weniger nasse als trockene Monate bezw. Jahre. Und da beim arithmetischen Mittel die Summe der positiven und der negativen Abweichungen gleich groß ist, so muß der numerische Betrag der ersteren den der letzteren übertreffen, d. h. die nassen Monate und Jahre erheben sich mehr über das Mittel als die trockenen unter ihm bleiben.

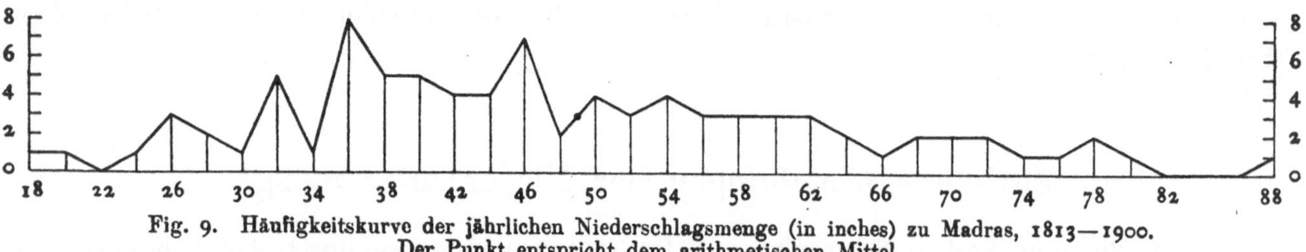

Fig. 9. Häufigkeitskurve der jährlichen Niederschlagsmenge (in inches) zu Madras, 1813—1900. Der Punkt entspricht dem arithmetischen Mittel.

Noch ein anderer, rein arithmetischer Gesichtspunkt kommt bei der Ermittlung der Schwankungen in Betracht. Bei großen Zahlen können auch die Abweichungen größer ausfallen als bei kleinen, so daß nasse Orte im allgemeinen größere absolute Abweichungen haben

Tabelle 4. Mittlere Abweichungen der monatlichen und jährlichen Niederschlagshöhen vom fünfzigjährigen Mittel (1851—1900). Absolute Veränderlichkeit in Millimetern.

	Januar	Febr.	März	April	Mai	Juni	Juli	August	Septbr.	Oktbr.	Novbr.	Dezbr.	Jahr
San Fernando	47.4	45.1	43.7	33.0	29.6	10.0	1.9	6.0	26.0	50.8	60.1	60.5	182.4
Lissabon	51.2	53.2	45.7	40.5	31.2	11.5	3.1	8.6	23.0	48.8	59.7	51.2	145.2
Madrid [1])	25.1	20.3	26.6	27.5	19.7	18.4	8.2	13.2	27.1	23.5	26.6	20.7	83.6
Dijon	23.7	19.2	23.3	24.7	25.8	26.4	23.9	27.4	27.0	33.1	24.5	25.6	103.5
Pouilly-en-Auxois	25.2	22.2	27.6	27.2	30.1	27.9	27.6	32.1	30.8	37.0	23.3	26.6	96.3
Paris	17.0	15.9	16.8	19.0	20.9	23.0	20.6	15.3	21.3	25.5	17.1	17.9	63.6
Bar-le-Duc	32.2	36.7	31.7	26.5	27.5	31.2	33.2	29.8	28.5	37.0	35.3	35.4	125.7
Greenwich	22.3	17.9	17.3	19.2	22.3	22.6	29.9	23.4	24.3	31.6	22.8	21.3	85.3
Stonyhurst	37.9	38.9	34.7	22.1	26.0	32.0	41.1	40.3	43.0	43.6	42.2	41.3	126.3
Seathwaite	153.7	136.2	102.9	71.9	74.8	86.5	87.7	92.2	125.0	116.4	150.9	142.4	462.0
Edinburgh	26.9	20.3	18.1	19.3	19.7	22.7	27.5	30.6	27.4	22.7	24.8	25.6	92.2
Rothesay	49.3	36.5	33.3	23.5	25.1	33.7	34.0	36.0	43.5	38.1	38.3	40.0	151.2
Culloden	23.7	19.1	16.4	15.3	17.7	20.9	27.7	27.6	29.2	21.7	20.2	22.9	81.9
Brüssel	20.0	24.3	19.5	22.3	25.5	25.4	28.2	27.9	26.0	29.7	28.7	26.2	92.4
Gütersloh	20.8	23.7	23.1	18.9	24.1	37.6	30.8	23.4	20.8	23.4	23.1	28.5	88.4
Berlin	13.7	22.1	18.6	15.9	19.9	25.8	31.5	25.8	18.2	22.1	21.0	18.7	65.1
Görlitz	14.3	20.6	18.7	20.3	26.0	25.8	36.7	30.9	25.5	19.8	19.9	20.4	77.1
Stuttgart	16.8	17.4	19.6	23.9	28.0	26.0	25.9	27.4	25.9	22.4	21.9	23.1	81.0
Genf	25.7	27.0	29.6	25.4	37.7	30.9	35.2	36.7	42.3	52.5	32.6	28.2	128.5
Gr. St. Bernhard	42.8	45.1	42.5	44.0	57.1	38.8	42.7	42.7	63.5	84.9	46.8	49.2	214.1
Modena	31.0	26.9	26.1	29.2	31.0	25.9	29.6	29.4	35.8	42.6	41.2	38.7	126.3
Genua	62.8	73.8	64.1	61.6	32.4	48.0	31.0	37.9	69.2	114.5	96.0	83.7	182.0
Rom	42.7	36.8	35.8	30.2	27.8	26.7	16.0	21.0	41.2	64.9	63.3	47.5	129.1
Neapel	40.7	41.6	33.8	36.0	29.6	22.6	15.7	18.0	37.2	46.8	61.5	57.5	122.2
Triest	37.8	42.1	35.8	40.2	35.8	44.3	31.9	37.3	61.0	70.7	48.7	38.6	196.3
Wien	18.4	17.4	21.5	23.6	34.1	32.6	28.4	24.6	19.7	22.6	19.9	24.4	75.5
Hermannstadt	11.6	12.6	18.0	22.2	32.0	38.2	34.2	35.3	23.7	16.6	17.4	15.3	112.8
Kopenhagen	14.2	17.1	15.9	16.7	17.5	19.4	28.0	25.5	20.2	24.3	20.2	18.4	72.7
Upsala	12.4	13.3	12.4	13.3	18.8	15.6	32.0	31.3	20.7	21.3	17.4	12.8	81.5
Helsingfors	14.1	16.2	14.9	12.5	17.2	20.1	27.5	29.5	24.1	23.1	22.5	21.7	97.0
St. Petersburg	8.7	7.8	8.0	10.4	18.6	21.4	25.5	30.9	22.0	18.7	12.3	14.6	89.5
Moskau [2])	12.7	12.3	13.4	15.1	18.1	16.5	29.2	31.1	29.0	19.8	16.0	16.3	72.9
Lugan	11.3	11.0	13.4	16.8	23.0	23.9	28.4	24.3	19.2	17.9	17.3	12.7	69.8
Tiflis	9.1	10.9	13.5	25.5	34.1	30.8	30.8	21.4	29.1	21.7	17.3	13.2	68.9
Baku	17.4	11.4	15.8	13.8	11.6	6.4	6.6	5.1	13.4	17.6	16.1	16.4	60.1
Katharinenburg	5.5	5.1	5.9	7.6	20.2	27.6	26.5	26.2	19.8	15.8	12.5	6.1	73.6

[1]) Nur 1854—1900. [2]) Nur 1853—1900, außer 1859.

werden als trockene. So beträgt z. B. in Baku mit nur 233 mm mittlerer jährlicher Regenmenge die mittlere Abweichung der Jahresmenge 60 mm, während sie im regenreichen Seathwaite mit 3452 mm Jahresniederschlag auf 462 mm anwächst. Man darf hieraus aber nicht schließen, daß Orte mit numerisch gleichem Betrage der Regenmenge auch gleich große Abweichungen aufweisen. Beispielsweise sind die Regenmengen von Wien und Hermannstadt nur wenig von einander verschieden (623 bezw. 678 mm), und doch beträgt die mittlere Abweichung bei ersterem 73, bei letzterem aber 113 mm. In dieser Verschiedenheit kommt eben die größere Veränderlichkeit des Niederschlags in Hermannstadt zum Ausdruck. Das größere numerische Mittel besitzt nur die theoretische Möglichkeit einer größeren Abweichung.

Die Tabellen 4 und 5 enthalten die mittleren Abweichungen der monatlichen und jährlichen Niederschlagshöhe in Millimetern (absolute Veränderlichkeit) und in Prozenten der je-

Tabelle 5. Mittlere Abweichungen der monatlichen und jährlichen Niederschlagshöhen vom fünfzigjährigen Mittel (1851—1900). Relative Veränderlichkeit in Prozenten.

	Jan.	Feb.	März	April	Mai	Juni	Juli	Aug.	Sept.	Okt.	Nov.	Dez.	Jahr	Mittel der Monate
San Fernando	52.4	58.0	49.0*	55.2	67.7	96.2	**170.9**	141.7	90.6	57.4	55.2	57.0	25.7	79.2
Lissabon	53.1	61.6	50.6*	57.9	57.4	72.8	98.4	**103.9**	73.0	56.7	57.8	53.4	19.6	66.4
Madrid[1])	68.6	65.5	66.2	65.6	45.4*	59.5	**92.5**	89.8	77.0	49.4	59.1	55.9	20.3	66.2
Dijon	52.5	**54.4**	52.6	51.4	45.4	35.5*	39.6	43.6	47.9	41.6	39.7	50.0	15.3	46.2
Pouilly-en-Auxois	47.1	**51.7**	49.9	46.4	44.0	34.7*	40.7	46.0	49.2	41.3	35.2	45.4	12.5	44.3
Paris	43.9	**57.0**	46.0	48.7	42.7	41.7	40.3	32.0*	44.1	45.0	37.8	43.1	11.9	43.5
Bar-le-Duc	44.0	**62.6**	46.7	46.0	42.0	36.7*	36.9	38.3	38.3	39.4	41.8	40.5	13.7	42.8
Greenwich	44.9	**48.5**	45.5	48.4	46.5	43.9	48.3	40.3*	43.9	45.1	40.6	44.3	13.9	45.0
Stonyhurst	36.1	**46.0**	41.0	36.3	38.2	36.0	40.1	31.5*	36.0	34.1	39.0	35.3	10.6	37.5
Seathwaite	38.0	**44.3**	38.3	41.4	41.6	44.6	38.7	31.7*	39.4	33.7	44.6	35.1	13.4	39.3
Edinburgh	50.0	47.2	42.6	**50.4**	40.8	38.7	39.3	39.8	43.7	36.4*	42.5	43.7	13.7	42.9
Rothesay	38.2	38.7	38.5	35.9	35.9	39.4	35.7	30.5*	**40.6**	31.2	33.1	31.1	12.4	35.7
Culloden	42.7	45.3	40.0	**47.8**	44.8	45.0	39.5	42.2	44.1	35.9	35.6*	41.0	13.0	42.0
Brüssel	36.4*	**53.2**	41.2	48.5	43.2	39.0	37.7	38.0	39.2	41.2	47.5	41.7	12.7	42.2
Gütersloh	39.0	**51.0**	43.2	45.4	40.8	49.0	35.5	32.3*	38.3	39.9	40.5	44.3	12.2	41.6
Berlin	35.0*	**60.2**	42.5	43.9	40.4	40.0	41.0	45.1	43.4	47.7	49.3	39.9	11.2	44.0
Görlitz	41.2	**53.4**	41.6	44.1	39.3	35.0*	39.9	39.1	46.4	44.6	47.4	47.8	11.7	43.3
Stuttgart	50.0	53.9	47.7	49.0	40.3	30.9*	32.7	40.9	48.7	45.3	50.1	**54.7**	12.6	45.4
Genf	57.0	**64.9**	58.6	42.3	46.4	39.7*	45.2	41.4	48.2	47.1	43.1	53.5	15.1	49.0
Gr. St. Bernhard	57.5	**65.4**	53.3	43.2	45.1	36.7*	45.7	40.6	56.2	58.0	45.9	59.6	17.8	50.6
Modena	62.4	**71.0**	53.7	47.3	45.4*	46.1	70.6	66.4	62.7	47.2	55.4	68.0	18.4	58.0
Genua	57.6	71.1	59.3	62.5	39.6*	66.1	**81.2**	70.8	60.0	56.1	49.9	66.5	14.0	61.7
Rom	49.2	61.6	47.2	43.1*	50.6	69.9	**94.1**	75.8	56.2	49.1	51.8	49.9	15.1	58.2
Neapel	44.3	61.9	44.6	54.4	53.9	72.0	**91.8**	71.4	52.8	41.2*	50.3	48.9	14.3	57.3
Triest	60.1	**73.9**	49.2	48.6	36.9*	41.2	42.0	42.1	49.3	48.8	47.6	51.1	18.0	49.2
Wien	50.3	53.4	45.6	47.6	47.4	46.4	40.2	36.1*	44.9	47.8	46.8	**57.7**	12.1	47.0
Hermannstadt	50.7	48.8	45.0	44.1	37.0	33.4	31.9*	44.3	48.6	43.0	49.4	**52.8**	16.6	44.1
Kopenhagen	41.0	**57.2**	46.9	48.8	42.6	38.8	44.1	38.4	34.6*	40.4	43.5	44.2	13.0	43.4
Upsala	39.6	**47.3**	43.1	**47.3**	43.1	31.1*	45.3	44.5	39.2	38.6	40.0	34.0	15.1	41.1
Helsingfors	33.5*	45.5	43.6	38.3	37.8	**47.6**	44.1	39.7	38.4	35.4	37.8	44.4	16.0	40.5
St. Petersburg	34.4	33.7	36.1	40.3	40.2	40.3	39.0	40.2	40.3	42.7	31.7*	**44.5**	17.7	38.6
Moskau[2])	41.9	48.6	43.8	43.1	37.2	30.8*	40.8	44.0	**49.9**	46.5	39.6	41.5	13.4	42.3
Lugan	51.4	57.9	55.6	55.1	53.5	45.4*	55.3	**68.8**	61.3	58.3	57.9	47.2	17.6	55.6
Tiflis	58.8	54.5	49.6	45.0	45.0*	45.9	**67.5**	58.3	57.1	59.5	58.8	57.1	14.2	54.8
Baku	60.6	54.3	68.1	67.0	76.8	79.3	**116.1**	91.2	75.3	60.7	53.5*	57.5	25.7	71.7
Katharinenburg	64.0	**67.1**	60.7	55.1	50.8	38.4*	38.7	43.0	50.0	66.9	66.8	53.2	19.7	54.6

[1]) Nur 1854—1900. [2]) Nur 1853—1900, außer 1859.

weiligen Mittelwerte (relative Veränderlichkeit). Zum Studium der jährlichen Periode eignen sich beide Tabellen; ja erstere zeigt vielfach regelmäßigere und einfachere Verhältnisse als letztere, namentlich bei Orten, die eine scharf ausgesprochene Niederschlagsverteilung haben. So sieht man z. B. aus Tab. 4, wie in San Fernando die jährliche Kurve der absoluten Veränderlichkeit vom Maximum im Dezember regelmäßig zum Minimum im Juli abfällt, während bei der Kurve der relativen Veränderlichkeit (Tab. 5) sekundäre Extreme auftreten. Ähnlich verhält es sich in Katharinenburg, unserem besten Repräsentanten der kontinentalen Sommerregen: ein Maximum im Juni und ein Minimum im Februar bei der absoluten Veränderlichkeit, dagegen wieder sekundäre Extreme bei der relativen.

Da bei den meisten Stationen die jährliche Periode der Veränderlichkeit, mag man sie nach absoluten oder relativen Werten darstellen, noch einen sehr unruhigen Verlauf zeigt, liegt die Vermutung nahe, daß 50 Beobachtungsjahre zu ihrer Darstellung noch nicht ausreichen, wofür auch die hohen Beträge der relativen Veränderlichkeit sprechen, die zwischen 30 und 171 Proz. schwanken. Um dies näher zu ergründen, habe ich für einige Orte die relative Veränderlichkeit aus verschieden langen Reihen oder aus gleich langen Reihen, aber aus verschiedenen Perioden in Vergleich gestellt, wofür die Arbeiten von Wild und Kremser[1]) verwertet werden konnten und wobei natürlich die Voraussetzung gilt, daß die alten Reihen auch genügend homogen sind.

Mittlere relative Veränderlichkeit der Niederschlagsmenge in Prozenten.

	Jan.	Febr.	März	April	Mai	Juni	Juli	Aug.	Sept.	Okt.	Nov.	Dez.	Jahr
						Warschau							
70 Jahre	53	**59**	48	43	37	35*	43	44	47	53	48	49	18
50 »	45	**51**	43	42	34*	37	47	49	46	47	42	43	15
Differenz	8	8	5	1	3	−2	−4	−5	1	6	6	6	3
						Brüssel							
1833—1882	38*	46	45	46	45	41	38*	40	34	43	42	**47**	14
1851—1900	36*	**58**	41	49	43	39	38	38	39	41	48	42	13
Differenz	2	−7	4	−3	2	2	0	2	−5	2	−6	5	1
						Genf							
1826—1875	**61**	45	57	57	53	45	39*	46	35	49	45	38	16
1851—1900	57	**65**	59	42	46	40*	45	41	48	47	43	54	15
Differenz	4	−20	−2	15	7	5	−6	5	−13	2	2	−16	1
						Modena							
1830—1879	55	**73**	56	46	42*	49	66	60	67	59	48	**73**	20
1851—1900	62	**71**	54	47	45*	46	71	66	63	47	55	68	18
Differenz	−7	2	2	−1	−3	3	−5	−6	4	12	−7	5	2

Die Differenzen können hiernach sehr erheblich sein und schwanken ihrem Betrage nach außerordentlich, ja meistens wird auch die jährliche Periode selbst verschoben. Man kann somit annehmen, daß die aus verschieden langen Beobachtungsreihen oder aus verschiedenen Perioden abgeleiteten Werte der mittleren monatlichen Veränderlichkeit, wie sie Hann,

[1]) H. Wild, Die Regen-Verhältnisse des Russischen Reiches. St. Petersburg 1887. 4°. S. 62 ff. — V. Kremser, Über die Veränderlichkeit der Niederschläge. Meteorol. Zeitschr. 1884, S. 93.

Kremser und Wild gebrauchen mußten, unter einander nicht vergleichbar und auch zur Ableitung der jährlichen Periode wenig geeignet sind. Es muß daher gerade im vorliegenden Falle als ein großer Vorteil erscheinen, daß den Tabellen 4 und 5 gleichzeitige 50jährige Beobachtungen zu Grunde liegen. Trotzdem wird man auch nach diesen Werten der relativen Veränderlichkeit bezüglich ihrer jährlichen Periode nicht viel mehr sicher aussagen können, als daß im allgemeinen die nassesten Monate die kleinste und die trockensten Monate die größte relative Veränderlichkeit haben. Wenn selbst benachbarte Orte einen verschiedenen Verlauf der jährlichen Periode aufweisen, so rührt dies offenbar daher, daß die unperiodischen Witterungserscheinungen trotz ihrer großen räumlichen Erstreckung gerade im Ausmaß des Regenfalls erhebliche Verschiedenheiten für benachbarte Orte mit sich bringen. Die graphische Darstellung auf S. 247 des I. Bandes meines Regenwerkes läßt diese Verhältnisse am besten übersehen.

Auf die räumlichen Verschiedenheiten im Betrage der mittleren relativen Veränderlichkeit der Jahresmenge, die auf unserem Gebiete zwischen 11 und 26 Prozent schwankt, will ich hier nicht eingehen, da ich diese Verhältnisse beim Kapitel der extremen Schwankungen auf Grund eines reicheren Materials zu erörtern gedenke.

Das in der letzten Spalte von Tabelle 5 enthaltene Mittel der zwölf Monatswerte müßte theoretisch $\sqrt{12}$ oder 3.46 mal so groß als der nebenstehende Jahreswert sein. Im allgemeinen trifft das natürlich nur ungefähr zu, weil bei einigen Stationen innerhalb eines Jahres mehr Kompensationen von Überschüssen und Fehlbeträgen des Regenfalls in den einzelnen Monaten stattgefunden haben als bei anderen. Auch reichen wohl 50 Beobachtungsjahre noch nicht hin, um diese numerischen Beziehungen zwischen dem Durchschnitt der Monate und dem Jahreswert sicher zum Ausdruck zu bringen.

Die kleinsten Werte der mittleren relativen Veränderlichkeit der Regenmenge in einem einzelnen Monat gehen bei unseren Stationen in Tabelle 5 nicht unter 30 Prozent herab (Rothesay 30.5 September, Stuttgart 30.9 Juni, Moskau 30.8 Juni, Upsala 31.1 Juni, Stonyhurst 31.5 August, Seathwaite 31.7 August), d. h. an diesen Orten hat in den beigeschriebenen Monaten die Regenmenge von Jahr zu Jahr während der 50 Jahre von 1851 bis 1900 am wenigsten geschwankt. Im Regenwerk, Bd. I S. 245, sind aber einige deutsche Stationen aufgeführt, wo noch kleinere Werte vorkommen, nämlich die Gebirgsstationen Süddeutschlands Isny (Mai 25.8, Juli 23.2 Prozent) und Schopfloch (Juli 26.9), so daß die Veränderlichkeit mit wachsender Höhe kleiner zu werden scheint. Das Verhalten des Gr. St. Bernhard spricht nicht dagegen; denn während im Mittel aller Monate die relative Veränderlichkeit daselbst fast ebenso groß ist, wie in Genf (49.0 bezw. 50.6), hat die Gipfelstation beständigere Juniregen (36.7) als Genf (39.7).

Im subtropischen Regengebiet scheint die relative Veränderlichkeit wohl in keinem Monat unter 40 Prozent herabzusinken (San Fernando 49.0, Lissabon 50.6, Madrid 45.4, Modena 45.4, Genua 39.6, Rom 43.1, Neapel 41.2, Baku 53.5), während sie hier im Maximum bis zum vierfachen Betrage ansteigen kann (San Fernando 171).

Beachtenswert ist auch die große Beständigkeit, mit der die Sommerregen da, wo sie die eigentliche Regenzeit ausmachen, also im innersten kontinentalen Europa, auftreten. So beträgt die mittlere relative Veränderlichkeit zu Hermannstadt im Juli nur 31.9 Prozent, zu Moskau im Juni 30.8 und zu Katharinenburg im Juni 38.4. Dagegen treten die subtropischen

Winterregen viel unregelmäßiger ein; denn deren Veränderlichkeit geht kaum unter 50 Prozent in einem Monat herab.

So erweist sich also die Betrachtung der mittleren relativen Veränderlichkeit der Regenmenge in den einzelnen Monaten auch als ein gutes Hilfsmittel zur schärferen Charakterisierung der jährlichen Periode.

Die Autoren Hann, Kremser und Wild, die vor mir der mittleren Veränderlichkeit des Regenfalls Aufmerksamkeit geschenkt haben, benutzten sie auch zur Ableitung des wahrscheinlichen Fehlers der mittleren monatlichen und jährlichen Niederschlagshöhen nach der einfachen Fechnerschen Formel $w = 1.1955 \frac{v}{\sqrt{2n-1}}$, wo v die mittlere Veränderlichkeit oder Abweichung, n die Anzahl der Jahrgänge bedeutet, und sie ermittelten sodann noch die Zahl der

Tabelle 6. Mittlere Abweichungen der monatlichen und jährlichen Niederschlagshöhen vom fünfzigjährigen Mittel (1851—1900). Wahrscheinlichkeit (in Proz.) einer negativen Abweichung.

	Jan.	Febr.	März	April	Mai	Juni	Juli	Aug.	Sept.	Okt.	Nov.	Dez.	Jahr
San Fernando	62	59	57	62	57	67	83	79	69	60	51	56	58
Lissabon	52	56	58	54	56	56	67	65	77	64	56	57	54
Madrid [1])	56	62	58	52	58	54	66	67	58	52	55	48	56
Dijon	58	58	60	52	62	57	54	49	54	55	52	55	54
Pouilly-en-Auxois	57	56	54	49	60	54	52	56	59	54	50	53	52
Paris	54	55	56	53	57	62	52	55	54	54	46	50	61
Bar-le-Duc	58	61	50	51	48	60	63	54	47	58	58	52	58
Greenwich	56	56	62	56	61	58	59	49	49	58	52	58	58
Stonyhurst	55	50	52	59	49	50	50	46	51	50	56	52	52
Seathwaite	54	50	62	60	56	48	54	52	51	56	56	52	50
Edinburgh	52	62	61	60	59	48	48	48	58	52	52	72	56
Rothesay	52	51	50	57	45	56	52	58	54	50	50	54	54
Culloden	59	52	56	65	54	54	57	60	50	55	52	53	53
Brüssel	57	54	52	53	53	54	51	49	48	48	60	57	54
Gütersloh	58	58	64	56	54	60	53	54	47	49	52	51	55
Berlin	54	58	61	54	52	62	62	61	57	54	60	62	58
Görlitz	54	54	60	58	52	52	56	52	57	53	61	58	56
Stuttgart	62	55	59	56	56	59	56	58	50	59	56	57	57
Genf	56	62	61	55	65	59	56	60	58	57	63	58	49
Gr. St. Bernhard	56	58	54	56	58	54	56	55	59	60	54	55	48
Modena	62	61	54	56	51	54	56	65	56	48	62	57	58
Genua	57	56	54	59	51	66	60	62	60	57	58	60	56
Rom	51	58	58	54	58	60	66	57	60	64	59	48	50
Neapel	54	59	57	54	60	65	66	63	56	57	58	54	49
Triest	54	52	48	53	60	54	58	57	53	56	62	54	52
Wien	56	61	59	58	58	58	63	52	54	49	61	52	49
Hermannstadt	65	54	49	56	62	62	56	62	65	66	52	62	54
Kopenhagen	57	53	58	55	56	52	57	59	48	50	56	58	50
Upsala	58	57	52	57	60	46	61	54	56	55	60	60	57
Helsingfors	53	59	56	53	56	58	52	54	56	57	61	54	50
St. Petersburg	54	61	49	53	60	48	50	60	51	56	57	56	50
Moskau [2])	47	55	57	53	50	50	48	46	46	55	50	54	44
Lugan	55	61	60	59	54	58	56	64	56	57	55	58	50
Tiflis	59	62	57	60	60	50	61	54	61	57	56	56	50
Baku	76	62	57	57	64	59	74	70	65	52	56	60	57
Katharinenburg	62	62	64	53	52	48	52	56	62	59	62	51	38

[1]) Nur 1854—1900. [2]) Nur 1853—1900, außer 1859.

Tabelle 7. Zahl der Fälle, daß in den 50 Jahren 1851—1900 eine Folge von 1, 2, 3 . . . Monaten zu naß, zu trocken, bezw. normal war.

Zahl der Monate	naß	trocken	norm.	naß	trocken	norm.	naß	trocken	norm.	naß	trocken	norm.	naß	trocken	norm.	naß	trocken	norm.
	San Fernando			Lissabon			Dijon			Pouilly-en-Auxois			Paris			Bar-le-Duc		
1	74	43	10	91	65	6	70	55	10	81	70	8	80	70	6	70	61	4
2	30	32	—	28	28	—	45	40	—	34	36	—	36	42	—	43	33	1
3	9	17	—	12	18	—	15	25	—	25	20	—	21	16	—	11	24	—
4	5	14	—	10	8	—	5	11	—	3	12	—	2	13	—	9	8	—
5	1	10	—	2	7	—	5	7	—	—	7	—	6	2	—	6	5	—
6	2	5	—	1	6	—	2	1	—	4	2	—	1	1	—	2	7	—
7	—	—	—	—	4	—	—	1	—	—	—	—	2	1	—	—	3	—
8	2	1	—	—	3	—	—	2	—	—	2	—	—	2	—	—	1	—
9	—	2	—	—	1	—	—	—	—	1	—	—	—	2	—	—	—	—
10	—	1	—	—	—	—	—	1	—	—	1	—	—	1	—	—	—	—
11	—	—	—	—	—	—	—	—	—	—	—	—	—	—	—	—	—	—
12	—	2 [1]	—	—	[2]	—	—	—	—	—	—	—	—	—	—	—	—	—
Σ2-12	49	85	—	53	76	—	72	88	—	67	80	—	68	80	—	71	81	1

Zahl der Monate	naß	trocken	norm.	naß	trocken	norm.	naß	trocken	norm.	naß	trocken	norm.	naß	trocken	norm.	naß	trocken	norm.
	Greenwich			Stonyhurst			Seathwaite			Edinburgh			Rothesay			Culloden		
1	92	66	10	80	63	4	90	66	1	94	73	6	76	67	9	87	66	11
2	39	32	—	35	41	—	30	36	—	38	39	—	35	34	—	32	35	—
3	13	26	—	14	24	—	18	27	—	10	17	—	15	18	—	15	22	—
4	1	12	—	9	7	—	11	15	—	10	12	—	7	16	—	8	11	—
5	4	5	—	3	6	—	4	4	—	2	6	—	7	5	—	1	6	—
6	3	6	—	3	3	—	1	2	—	—	2	—	3	1	—	1	3	—
7	1	1	—	1	1	—	—	2	—	—	2	—	—	1	—	2	1	—
8	—	1	—	—	1	—	—	—	—	—	1	—	—	—	—	1	1	—
9	—	—	—	1	—	—	—	—	—	—	1	—	1	1	—	—	1	—
10	—	—	—	—	—	—	—	—	—	—	1	—	—	1	—	—	1	—
11	—	—	—	1	—	—	—	—	—	1	—	—	—	—	—	—	—	—
12	—	—	—	—	—	—	—	—	—	—	—	—	—	—	—	—	—	—
Σ2-12	61	83	—	67	83	—	64	86	—	61	81	—	68	77	—	60	81	—

Zahl der Monate	naß	trocken	norm.	naß	trocken	norm.	naß	trocken	norm.	naß	trocken	norm.	naß	trocken	norm.	naß	trocken	norm.
	Brüssel			Genf			Gr. St. Bernhard			Modena			Genua			Rom		
1	89	79	10	83	59	10	80	59	5	90	75	6	84	64	4	76	60	7
2	32	34	1	41	40	—	30	34	—	30	29	—	40	34	—	38	26	—
3	21	12	—	14	15	—	13	23	—	11	18	—	17	24	—	12	22	—
4	4	13	—	2	12	—	6	10	—	9	12	—	5	5	—	6	13	—
5	2	7	—	5	6	—	7	2	—	5	3	—	1	11	—	4	9	—
6	1	3	—	—	6	—	2	7	—	2	3	—	—	1	—	1	6	—
7	4	1	—	—	4	—	—	2	—	—	2	—	1	4	—	—	2	—
8	—	1	—	—	3	—	—	—	—	—	2	—	—	1	—	—	1	—
9	—	1	—	—	—	—	1	—	—	—	1	—	—	2	—	—	—	—
10	—	—	—	—	—	—	—	—	—	—	2	—	—	1	—	—	1	—
11	—	—	—	—	—	—	—	—	—	—	1	—	—	—	—	—	—	—
12	—	—	—	—	—	—	—	[3] [4]	—	—	—	—	—	—	—	—	1	—
Σ2-12	64	72	1	62	86	—	59	80	—	57	73	—	64	83	—	61	81	—

Zahl der Monate	naß	trocken	norm.	naß	trocken	norm.	naß	trocken	norm.	naß	trocken	norm.	naß	trocken	norm.	naß	trocken	norm.
	Neapel			Triest			Wien			Hermannstadt			Kopenhagen			Upsala		
1	69	57	5	71	65	3	83	67	5	78	59	4	77	63	7	72	57	10
2	43	25	—	29	23	—	40	35	—	32	25	—	27	41	—	32	26	—
3	14	24	—	17	16	—	20	17	—	15	21	—	19	11	—	13	24	—
4	5	15	—	7	17	—	3	13	—	8	9	—	8	12	—	8	13	—
5	1	5	—	3	3	—	2	10	—	3	6	—	3	3	—	3	5	—
6	4	1	—	2	4	—	2	4	—	—	2	—	3	4	—	3	3	—
7	—	4	—	2	2	—	—	1	—	—	7	—	2	1	—	1	—	—
8	—	4	—	1	5	—	—	1	—	—	2	—	—	2	—	—	4	—
9	—	1	—	—	1	—	—	1	—	1	2	—	—	—	—	—	—	—
10	—	1	—	—	—	—	—	—	—	—	2	—	—	—	—	1	—	—
11	—	—	—	1	—	—	—	—	—	—	—	—	—	1	—	—	—	—
12	—	—	—	—	—	—	—	—	—	—	—	—	—	1 [5]	—	—	1 [6]	—
Σ2-12	67	80	—	62	71	—	67	82	—	59	76	—	62	77	—	61	77	—

Außerdem kam noch vor eine Folge von: [1] 22, [2] 16, [3] 15, [4] 18, [5] 15, [6] 13 Monaten

Tabelle 7. Zahl der Fälle, daß in den 50 Jahren 1851—1900 eine Folge von 1, 2, 3 . . . Monaten zu naß, zu trocken, bezw. normal war. (Schluß).

Zahl der Monate	naß	trocken	norm.	naß	trocken	norm.	naß	trocken	norm.	naß	trocken	norm.	naß	trocken	norm.	naß	trocken	norm.
	Helsingfors			St. Petersburg			Lugan			Tiflis			Baku			Katharinenburg		
1	76	64	7	69	70	13	78	55	8	91	70	9	97	58	20	67	50	13
2	35	41	—	38	34	—	28	35	—	48	42	—	32	38	—	26	29	—
3	20	16	—	11	16	—	12	18	—	10	24	—	9	18	—	17	20	—
4	2	11	—	7	9	—	6	12	—	4	10	—	4	17	—	5	10	—
5	3	6	—	6	4	—	7	4	—	2	1	—	2	6	—	4	5	—
6	3	2	—	1	5	—	2	7	—	1	5	—	—	7	—	4	4	—
7	1	3	—	1	1	—	—	1	—	—	1	—	—	1	—	—	—	—
8	1	—	—	1	2	—	—	1	—	—	3	—	—	—	—	1	4	—
9	—	—	—	1	—	—	1	3	—	—	—	—	—	2	—	—	1	—
10	—	—	—	—	1	—	—	—	—	—	1	—	—	—	—	1	1	—
11	—	—	—	—	—	—	—	1	—	—	—	—	—	—	—	—	1	—
12	—	1) 2)	—	—	3)	—	—	—	—	—	—	—	—	4)	—	—	5)	—
Σ2–12	65	81	—	66	73	—	56	82	—	65	87	—	47	90	—	58	76	—

Jahre, die nötig wäre, um diesen Mittelwerten eine bestimmte Genauigkeit zu geben. Wie im Regenwerk, Bd. I S. 246, unterlasse ich auch hier diese Rechnungen, weil sich nach meinen a. a. O. S. 38 gegebenen Auseinandersetzungen und auch nach dem oben auf S. 33 Gesagten die Wahrscheinlichkeitsrechnung auf die Fehlerberechnung der Niederschlagsmittel nicht anwenden läßt. Wer es dennoch tun will, braucht — da im vorliegenden Falle, wo $n = 50$ ist, $w = 0.12$ wird — die in den Tabellen 4 und 5 enthaltenen Zahlen nur mit 0.12 zu multiplizieren, um den wahrscheinlichen Fehler zu erhalten. Er würde z. B. finden, daß die 50jährigen Jahresmittel der Niederschlagsmenge in dem Gebiete geringster Veränderlichkeit (Mitteleuropa, Nordfrankreich, Britische Inseln) auf 1.2 bis 1.5 Prozent „richtig" sind, während im Mediterrangebiet die Unsicherheit etwa 2.5 bis 3 Prozent betrüge.

Um das Überwiegen der negativen Abweichungen, das bereits oben auf S. 33 erörtert wurde, vor Augen zu führen, gebe ich in Tabelle 6 eine Zusammenstellung der Werte für die Wahrscheinlichkeit (in Prozenten) einer negativen Abweichung.

An vielen Orten hatten alle Monate sowie das Jahr mehr negative als positive Abweichungen, an anderen kommt in einzelnen Monaten auch das Gegenteil vor. Wegen der schon früher erwähnten Kompensationen von Regen-Überschüssen und -Fehlbeträgen innerhalb eines Jahres ist der Wahrscheinlichkeitswert einer negativen Abweichung fürs ganze Jahr nicht immer proportional den einzelnen Monatswerten. Daß im subtropischen Regengebiet, wo das arithmetische Mittel der Regenmenge in den Sommermonaten ein bloßes Rechenergebnis aus einzelnen regenreichen und viel zahlreicheren regenlosen Monaten bedeutet, die Wahrscheinlichkeit einer negativen Abweichung besonders groß ist, erscheint ganz selbstverständlich. Ähnlich verhält es sich im trockenen Winter von Katharinenburg, d. h. im Gebiet des kontinentalen Regentypus. Im regenarmen Baku ist es sogar das ganze Jahr so.

Bei dem Vorwiegen der trockenen Monate erscheint es natürlich, daß überall auch eine größere Neigung zu lang andauernder Trockenheit, d. h. zu einer Folge mehrerer trockener

Außerdem kam noch vor eine Folge von: 1) 14, 2) 16, 3) 16, 4) 13, 5) 16 Monaten.

Monate hintereinander, als zu Nässe vorhanden ist. Das zeigte sich schon für das Einzugsgebiet der norddeutschen Flüsse (Regenwerk, Bd. I, S. 291—296) und ergibt sich nun auch für ganz Europa, wie Tabelle 7 lehrt.

Vereinzelte nasse Monate treten weit häufiger auf als vereinzelte trockene, auch zwei aufeinanderfolgende Monate kommen an vielen Orten ebenso häufig oder gar häufiger naß als trocken vor. Dagegen sind drei oder mehr als drei aufeinanderfolgende Monate gleicher Abweichung sehr viel häufiger zu trocken als zu naß. Dieses Verhältnis steigert sich zugunsten der Trockenheit um so mehr, je länger die Periode andauert. In Übereinstimmung damit fällt fast überall die größte Zahl aufeinander folgender trockener Monate erheblich größer aus als diejenige nasser, wie folgende Zusammenstellung lehrt:

Längste in den 50 Jahren 1851—1900 vorgekommene

	nasse Periode		trockene Periode	
San Fernando	8 Monate	(Aug. 1855—März 1856 Sept. 1871—April 1872)	22 Monate	(Jan. 1851—Okt. 1852)
Lissabon	6 »	(April —Sept. 1877)	16 »	(März 1874—Juni 1875)
Dijon	6 »	(Sept. 1882—Febr. 1883 Sept. 1891—Febr. 1892)	10 »	(Dez. 1869—Sept. 1870)
Pouilly-en-Auxois	9 »	(Okt. 1872—Juni 1873)	10 »	(Dez. 1869—Sept. 1870)
Paris	7 »	(Sept. 1859—März 1860 Nov. 1876—Mai 1877)	10 »	(Dez. 1869—Sept. 1870)
Bar-le-Duc	6 »	(Nov. 1866—April 1867 Dez. 1876—Mai 1877)	8 »	(März —Okt. 1900)
Greenwich	7 »	(Aug. 1852—Febr. 1853)	8 »	(Aug. 1858—März 1859)
Stonyhurst	11 »	(Jan. —Nov. 1872)	8 »	(Aug. 1857—März 1858)
Seathwaite	6 »	(Febr. —Juli 1882)	7 »	(Okt. 1885—April 1886 Jan. —Juli 1889)
Edinburgh	11 »	(Jan. —Nov. 1872)	10 »	(Nov. 1886—Aug. 1887)
Rothesay	9 »	(Mai 1872—Jan. 1873)	10 »	(Juni 1857—März 1858)
Culloden	8 »	(Jan. —Aug. 1877)	10 »	(Jan. —Okt. 1870)
Brüssel	7 »	(Okt. 1859—April 1860 Nov. 1876—Mai 1877 Juni —Dez. 1880 Juni —Dez. 1882)	9 »	(Okt. 1857—Juni 1858)
Genf	5 »	(Jan. —Mai 1866 April —Aug. 1872 Sept. 1882—Jan. 1883 Juni —Okt. 1896 Febr. —Juni 1898)	8 »	(Okt. 1863—Mai 1864 Aug. 1873—März 1874 Aug. 1879—März 1880)
Gr. St. Bernhard	10 »	(April 1882—Jan. 1883)	18 »	(Jan. 1857—Juli 1858)
Modena	6 »	(Febr. —Juli 1864 März —Aug. 1876)	10 »	(März 1888—Jan. 1889)

Längste in den 50 Jahren 1851—1900 vorgekommene

	nasse Periode		trockene Periode	
Genua	7 Monate	(Dez. 1882—Juni 1883)	10 Monate	(Febr. —Nov. 1854)
Rom	12 »	(Dez. 1899—Nov. 1900)	10 »	(Juni 1879—März 1880)
Neapel	6 »	(Dez. 1859—Mai 1860; Nov. 1860—April 1861; Febr. —Juli 1889; Febr. —Juli 1900)	10 »	(Juni 1879—März 1880)
Triest	11 »	(Juli 1852—Mai 1853)	9 »	(Mai 1879—Jan. 1880)
Wien	6 »	(Febr. —Juli 1879; Febr. —Juli 1897)	9 »	(Dez. 1856—Aug. 1857)
Hermannstadt	9 »	(Nov. 1896—Juli 1897)	10 »	(Juni 1862—März 1863; April 1865—Jan. 1866)
Kopenhagen	7 »	(Aug. 1852—Febr. 1853; Mai —Nov. 1873)	15 »	(Juni 1869—Aug. 1870)
Upsala	10 »	(Sept. 1859—Juni 1860)	13 »	(Febr. 1875—Febr. 1876)
Helsingfors	8 »	(Nov. 1898—Juni 1899)	16 »	(Sept. 1864—Dez. 1865)
St. Petersburg	9 »	(Nov. 1866—Juli 1867)	16 »	(Sept. 1856—Okt. 1857)
Lugan	9 »	(Nov. 1892—Juli 1893)	11 »	(Mai 1863—März 1864)
Tiflis	6 »	(April —Sept. 1878)	10 »	(Sept. 1854—Juni 1855)
Baku	5 »	(Febr. —Juni 1854; Febr. —Juni 1880)	13 »	(Sept. 1898—Sept. 1899)
Katharinenburg	10 »	(Sept. 1898—Juni 1899)	16 »	(Febr. 1857—Mai 1858)

Danach würden die nassen Perioden höchstens 12—11 Monate andauern (Rom, Stonyhurst, Edinburgh, Triest), die trockenen aber doppelt so lange (San Fernando). Doch steht letzterer Fall vereinzelt da. In Mittel- und Westeuropa überschreitet die Dauer der längsten Trockenperiode nur selten 10 Monate, während sich die der längsten nassen Perioden auf 6 bis 8 Monate beschränkt. Daß im regenreichen England die längsten Trockenperioden relativ kurz ausfallen (7 bis 8 Monate), kann nicht Wunder nehmen; besondere Beachtung verdient aber die ungewöhnliche Dauer der längsten trockenen Perioden an den nordischen Stationen Kopenhagen, Upsala, Helsingfors und St. Petersburg (13 bis 16 Monate), die doch gerade an oder nahe bei den Hauptzugstraßen der regenbringenden Cyklonen liegen.

Die Tabelle 7 bietet auch noch insofern großes Interesse, als sie uns in eklatantester Weise zeigt, wie außerordentlich selten die Niederschlagsmenge eines Monats der normalen, d. h. dem langjährigen Mittelwert, entspricht. Unter den 600 Monaten der Periode 1851—1900 war im Höchstfalle 20 mal (Baku) die Regenmenge so groß wie der Durchschnittswert der betreffenden Monate, in Seathwaite aber nur ein einziges Mal!

Wegen der großen Übereinstimmung der hier für Europa gefundenen Ergebnisse mit den für Norddeutschland ermittelten (Regenwerk, Bd. I, S. 291) habe ich die Untersuchung nicht auch auf die Folge von zu nassem und zu trockenem Wetter in aufeinander folgenden Jahren ausgedehnt. Einige Stichproben zeigten mir, daß im übrigen Europa viele Jahre hintereinander ein und derselbe Monat häufiger zu trocken als zu naß sein kann, genau so, wie für viele Stationen Norddeutschlands nachgewiesen wurde (Regenwerk, Bd. I, S. 297—303). Und zwar ist der Grad der Beständigkeit, mit der derselbe Monat in aufeinander folgenden Jahren zu naß oder zu trocken ist, etwa von derselben Größenordnung, wie bei der unmittelbaren Aufeinanderfolge der Monate. Wir müssen daraus schließen, daß sich die Ursachen der Witterungsanomalien eines Monats längere Zeit hindurch nach Jahresfrist immer wieder einstellen, obwohl die zwischen liegenden Monate ein ganz anderes und wechselndes Gepräge zeigen. Dabei brauchen allerdings nicht genau dieselben Ursachen in Wirksamkeit zu treten; denn nasse bezw. trockene Witterung kann bei recht verschiedener Wetterlage herrschen. Bei der Temperatur verhält es sich bekanntlich ebenso.

Am Schluß dieser Erörterungen möchte ich noch einmal darauf hinweisen, daß die eben besprochenen Ungleichheiten im Auftreten trockener und nasser Perioden sowie in deren Länge größtenteils aus den auf S. 33 dargelegten Eigenschaften der mittleren monatlichen und jährlichen Niederschlagsmenge hervorgehen. Könnte man statt des arithmetischen Mittels den häufigsten Wert zugrunde legen, so würde der Unterschied zwischen der Zahl der positiven und negativen Abweichungen nicht so groß sein. In demselben Sinne würde er aber gleichwohl bestehen bleiben; denn die Häufigkeitskurve (vergl. oben S. 33, 34) der jährlichen Niederschlagssummen verläuft asymmetrisch: sie steigt ziemlich steil zum Scheitelpunkt an und fällt dann langsam ab. Die Häufigkeitskurve der Monatswerte läßt sich aus 50jährigen Beobachtungen noch nicht sicher genug konstruieren.

Extreme Schwankungen der Niederschlagsmenge.

Zur Untersuchung der extremen Schwankungen der Niederschlagsmenge eignen sich weniger die absoluten Werte in Millimetern als vielmehr die relativen, ausgedrückt in Prozenten der entsprechenden langjährigen Mittel. Zwar hat es, namentlich für die praktischen Zwecke des Wasserbaus, der Landwirtschaft und vieler kultureller Unternehmungen, großes Interesse zu wissen, bis zu welchem Höchstbetrage (in Millimetern) der Regenfall in einem bestimmten Zeitabschnitt sich steigern oder bis zu welchem Mindestbetrag er herabgehen kann, aber zu vergleichenden Untersuchungen der Verhältnisse auf weiten Landgebieten sowie zur Ermittlung allgemeiner Gesetzmäßigkeiten bedient man sich zweckmäßiger der Relativwerte, die übrigens jederzeit gestatten, die Extreme in absolutem Maß auszudrücken, wenn man die Mittelwerte kennt.

Da alle absoluten Extreme etwas Zufälliges an sich tragen und naturgemäß im allgemeinen ihre Grenzen weiter hinausrücken, je mehr Beobachtungsjahrgänge vorliegen, so entsteht zunächst die Frage, inwieweit unsere 50jährigen Reihen dazu ausreichen, um das Gesetzmäßige im Auftreten und Verhalten der Extreme schon richtig zu erfassen. Ich habe zu dem Ende von einer Reihe von Stationen, die in den obigen Tabellen figurieren, und außerdem von zwei Orten des indischen Monsungebietes in Tabelle 8 die aus verschieden langen Reihen hervorgehenden Jahres- und Monatsextreme zusammengestellt.

Man wird überrascht sein zu sehen, wie in den Gebieten Mittel- und Westeuropas mit mäßigen Schwankungen des Regenfalls von Jahr zu Jahr die Hinzufügung von 40, 50 oder gar

Tabelle 8. Extreme Werte der Niederschlagshöhe (mm) im Jahr und Monat aus verschieden langen Beobachtungsreihen.

		Jahresextreme			Monatsextreme	
		Maximum	Minimum	Max.:Min.	Maximum	Minimum
Dijon	75 J. 1831—1905	1009	372	2.7	230	0
	50 J. 1851—1900	1009	372	2.7	230	0
Paris	89 J. 1817—1905	736	388	1.9	195	0
	50 J. 1851—1900	736	388	1.9	195	0
Greenwich	91 J. 1815—1905	902	415	2.2	194	1
	50 J. 1851—1900	863	415	2.1	194	1
Rothesay	106 J. 1800—1905	1784	876	2.0	267	0 (April 1842
	50 J. 1851—1900	1784	876	2.0	267	3
Gütersloh	69 J. 1837—1905	976	486	2.0	208	1
	50 J. 1851—1900	959	486	2.0	208	1
Genf	80 J. 1826—1905	1258	526	2.4	298	0
	50 J. 1851—1900	1191	537	2.2	298	0
Modena	76 J. 1830—1905	1153	305	3.8	372	0
	50 J. 1851—1900	1027	410	2.5	266	0
Genua	73 J. 1833—1905	2752	719	3.8	776	0
	50 J. 1851—1900	2752	719	3.8	776	0
Rom	81 J. 1825—1905	1472	319	4.6	373	0
	50 J. 1851—1900	1472	526	2.8	373	0
Upsala	70 J. 1836—1905	812	312	2.6	200	1
	50 J. 1851—1900	812	312	2.6	200	1
St. Petersburg	70 J. 1836—1905	745	308	2.4	197	0 (Januar 1836)
	50 J. 1851—1900	745	308	2.4	197	2
Calcutta	72 J. 1829—1900	2501	976	2.6	803	0
	50 J. 1851—1900	2501	976	2.6	803	0
Madras	88 J. 1813—1900	2240	469	4.8	958	0
	50 J. 1851—1900	2004	549	3.6	958	0

mehr Beobachtungsjahrgängen zu den fünfzig unserer Normalperiode 1851—1900 die extremen Werte entweder gar nicht oder nur unbedeutend ändert. Dagegen sind diese Änderungen im Betrage der Extreme schon merklicher im Gebiet der subtropischen und in dem der Monsun-Regen, die wir später als besonders veränderlich kennen lernen werden. Dabei wird allerdings vorausgesetzt, was ich nicht immer verbürgen kann, daß die hinzugenommenen alten Reihen vor 1851 homogen sind.

Der Grund für die erstgenannte Tatsache, daß nämlich die Extreme der 50jährigen Reihe durch die Hinzunahme weiterer Beobachtungsjahre nicht wesentlich verändert werden, ist wohl darin zu suchen, daß sehr häufig die Extreme innerhalb weniger Jahre eintreten, d. h. zeitlich nahe bei einander liegen. Wenn diese extremen Jahre gerade in der 50jährigen Reihe enthalten sind, hat man die Grenzwerte schon richtig erfaßt.

Gleichwohl wird man natürlich um so größere Sicherheit haben, wirklich die extremen Werte zu kennen, je länger die zur Untersuchung verwendete Beobachtungsreihe ist. Ich habe deshalb gerade in diesem Abschnitt der vorliegenden Untersuchung mich nicht immer auf die Benutzung der 50jährigen Reihe 1851—1900 beschränkt, sondern öfters auch die längsten verfügbaren Reihen in Betracht gezogen.

Extreme Schwankungen der Jahresmenge.

In klimatologischen Monographien findet man häufig nur angegeben die in Millimetern (oder inches) ausgedrückte größte und kleinste Jahresmenge des Niederschlags innerhalb einer langen Beobachtungsreihe, sowie deren Differenz, um ein Maß für die Schwankung zu haben. Diese absoluten Zahlen eignen sich aber, wie bereits oben erwähnt, zu vergleichenden Studien gar nicht, da sie von dem Ausmaß der Niederschlagsmenge selbst abhängig sind. So betrug z. B. in Greenwich die Differenz zwischen dem nassesten und dem trockensten Jahre der genannten 50 Jahre 448 mm, im regenreichen Seathwaite aber während derselben Periode 2395 mm, und doch sind die relativen Schwankungen an beiden Orten gleich groß, d. h. in Greenwich wie in Seathwaite hatte das nasseste Jahr 2.1 mal soviel Niederschlag wie das trockenste.

Man drückt daher die extremen Werte der Niederschlagsmenge meistens in Prozenten der mittleren aus und bildet dann gewöhnlich den Unterschied zwischen dem Maximum und Minimum, der als ein Maß für die extremen Schwankungen des jährlichen Regenfalls betrachtet wird. Ich halte jedoch diese Differenz für nicht so zweckmäßig wie das Verhältnis zwischen Maximum und Minimum, weil sie vom Mittelwert selbst nicht unabhängig ist. Bezeichnen wir nämlich das Mittel mit μ, das Maximum mit M, das Minimum mit m, so ist die prozentische Differenz der extremen Werte gleich $\frac{100}{\mu}(M-m)$, also von der Größe von μ abhängig. Nun hat aber, wie oben S. 33 des näheren ausgeführt wurde, der Mittelwert des Niederschlags die Eigenschaft, daß die größten positiven Abweichungen im allgemeinen höher über dem Mittel liegen, als die größten negativen unter das Mittel herabgehen, die Differenz der prozentischen Extreme wird also dadurch beeinflußt, wie auch aus den Zahlenwerten in Tabelle 9 deutlich hervorgeht. Das Verhältnis $\frac{M}{m}$ bleibt davon gänzlich unberührt, mag man es aus den absoluten oder aus den prozentischen Werten der Extreme bilden. Ich halte daher diesen Quotienten, als einen einzigen prägnanten Zahlenwert, zur Darstellung der extremen Schwankungen der jährlichen Regenmenge für sehr geeignet, zumal er sich viel leichter berechnen läßt als die erwähnte Differenz.

Ich habe in meinem Werk „Die Niederschläge in den norddeutschen Stromgebieten" des näheren gezeigt, wie die Größe (Max.: Min.) innerhalb eines einheitlichen klimatischen Gebietes nur wenig schwankt und daß sie deshalb auch dazu benutzt werden kann, um eine erste schnelle Prüfung auf die Homogenität einer langen Beobachtungsreihe zu machen. So hat z. B. in Norddeutschland dieser Quotient den durchschnittlichen Wert 2.2, d. h. das nasseste Jahr hat 2.2 mal soviel Niederschläge wie das trockenste. Findet sich nun für eine zu untersuchende norddeutsche Reihe ein wesentlich höherer Wert, z. B. 3.2 oder mehr, so kann man daraus schließen, daß die Reihe nicht homogen ist.

Ich nenne diese Zahlengröße (M : m) kurzweg den Schwankungsquotienten der jährlichen Niederschlagsmenge und werde ihn im folgenden ausschließlich zur Untersuchung der extremen Schwankungen des Regenfalls benutzen. In dem oben erwähnten Beispiel hat er

Tabelle 9. Maximum und Minimum der jährlichen Niederschlagsmenge während der 50 Jahre 1851—1900, ausgedrückt in Prozenten der zugehörigen Mittelwerte.

	Maximum	Minimum	Maximum über dem Mittel	Minimum unter dem Mittel	Differenz zwischen Max. u. Min.	Maximum / Minimum
San Fernando	178	43	+ 78	−57	135	4.2
Lissabon	181	59	+ 81	−41	122	3.0
Madrid[1])	170	56	+ 70	−44	114	3.0
Oviedo	151	55	+ 51	−45	96	2.8
Perpignan	183	54	+ 83	−46	129	3.4
Dijon	149	55	+ 49	−45	94	2.7
Pouilly-en-Auxois	138	60	+ 38	−40	78	2.3
Paris	137	72	+ 37	−28	65	1.9
Bar-le-Duc	139	67	+ 39	−33	72	2.1
Greenwich	141	68	+ 41	−32	73	2.1
Stonyhurst	132	66	+ 32	−34	66	2.0
Seathwaite	134	65	+ 34	−35	69	2.1
Edinburgh	147	66	+ 47	−34	81	2.2
Rothesay	146	72	+ 46	−28	74	2.0
Culloden	137	60	+ 37	−40	77	2.3
Brüssel	144	62	+ 44	−38	82	2.3
Gütersloh	132	67	+ 32	−33	65	2.0
Berlin	131	62	+ 31	−38	69	2.1
Königsberg i. Pr.	131	51	+ 31	−49	80	2.6
Görlitz	132	65	+ 32	−35	67	2.0
Trier	130	68	+ 30	−32	62	1.9
Stuttgart	136	59	+ 36	−41	77	2.3
Genf	140	63	+ 40	−37	77	2.2
Gr. St. Bernhard	156	49	+ 56	−51	107	3.2
Modena	149	60	+ 49	−40	89	2.5
Genua	211	55	+111	−45	156	3.8
Rom	173	62	+ 73	−38	111	2.8
Neapel	150	48	+ 50	−52	102	3.1
Palermo	163	41	+ 63	−59	122	4.0
Triest	147	62	+ 47	−38	85	2.5
Wien	138	67	+ 38	−33	71	2.1
Hermannstadt	187	68	+ 87	−32	119	2.8
Kopenhagen	131	64	+ 31	−36	67	2.0
Upsala	150	58	+ 50	−42	92	2.6
Helsingfors	142	60	+ 42	−40	82	2.4
St. Petersburg	148	61	+ 48	−39	87	2.4
Warschau	148	66	+ 48	−34	82	2.2
Moskau[2])	135	64	+ 35	−36	71	2.1
Lugan	154	56	+ 54	−44	98	2.7
Tiflis	157	59	+ 57	−41	98	2.6
Baku	210	56	+110	−44	154	3.8
Katharinenburg	145	47	+ 45	−53	98	3.1

die Werte: Greenwich 2.08 und Seathwaite 2.07, während die Differenz der prozentischen Extreme 73 bezw. 69 beträgt.

Die Benutzung des Schwankungsquotienten, der so leicht zu berechnen ist, hat noch den Vorteil, daß man unter Umständen auch kürzere Reihen dazu verwerten kann. Wenn sich nämlich schon aus einer kurzen Beobachtungsreihe ein großer Wert des Quotienten ergibt, weiß man, daß er bei Verwendung einer längeren Reihe eher noch größer, niemals kleiner werden würde. Man lernt also wenigstens die Größenordnung kennen, in der sich der Betrag des Quotienten bewegen wird.

[1]) Nur 1854—1900. [2]) Nur 1853—1900, außer 1859.

Immerhin wird es natürlich am richtigsten sein, wirklich lange Reihen in Betracht zu ziehen. Ich habe das auch getan. Da aber für viele außereuropäische Länder, die zur Ermittlung der Gesetzmäßigkeiten im Ausmaß der Schwankungen in diesem Abschnitt herangezogen werden mußten, nur kürzere Reihen vorhanden sind, habe ich durch Benutzung gleichzeitiger Jahrgänge eine Vergleichbarkeit zu ermöglichen gesucht. Natürlich wurden lange Reihen, deren Inhomogenität bekannt war, ganz ausgeschlossen. Es dürften aber noch manche der benutzten Beobachtungsreihen nicht homogen sein: denn es ist sehr schwer, für eine isoliert gelegene Station in fremden Erdteilen, weitab von einer Normalstation, den Nachweis der Homogenität oder Inhomogenität zu erbringen.

Das hier gewählte Maß für die Veränderlichkeit der jährlichen Niederschlagsmenge, der Schwankungsquotient, kann theoretisch zwischen den Werten 1.00 und ∞ (unendlich) schwanken. Die untere Grenze kommt aber nicht vor; denn es gibt keinen Ort auf der Erde, der Jahr für Jahr dieselbe Niederschlagsmenge erhielte. Soweit ich nach dem bisher benutzten Beobachtungsmaterial urteilen kann, dürfte der Quotient Max. : Min. in Wirklichkeit nicht unter 1.5 hinabgehen, vorausgesetzt natürlich, daß man ziemlich lange Reihen in Betracht zieht. Dagegen fehlt es nicht an Gegenden, in denen die obere Grenze ∞ (unendlich) Gültigkeit hat, da es in den Wüstengebieten der alten und der neuen Welt Orte gibt, die während eines ganzen Jahres gar keinen Regen erhalten. Es ist vielleicht richtiger zu sagen: keinen meßbaren Regen; denn die neueren genaueren Aufzeichnungen aus Ägypten lehren uns beispielsweise, daß in Wadi Halfa, das immer als regenlos galt, doch öfters Regentropfen fallen. Darum möchte ich auch glauben, daß kein Ort auf der Erde dauernd regenlos ist.

Der Schwankungsquotient $Q = \frac{M}{m}$ als Maß der extremen Schwankungen der jährlichen Niederschlagsmenge hat vielleicht den Nachteil, daß er unendlich groß wird in Gegenden, die ein ganzes Jahr ohne Regen bleiben, während der reziproke Wert $\frac{m}{M}$ zwischen den Grenzen 0 und 1 schwanken würde. Da sich aber $\frac{m}{M}$ in Wirklichkeit nur innerhalb des kleinen Intervalls 0 bis 0.67 bewegt, müßte sein numerischer Wert bis auf zwei Dezimalstellen genau berechnet werden, um den wirklichen Unterschieden genügend Rechnung zu tragen. Dazu kommt, daß der Quotient $\frac{M}{m}$ leichter verständlich ist; denn er gibt Antwort auf die natürliche Frage, wieviel mal mehr es im nassesten Jahr als im trockensten regnet. Ich habe deshalb an Q als Maß der extremen Schwankungen festgehalten. Übrigens will ich nicht unterlassen zu erwähnen, daß meines Wissens zuerst Angot sich dieses Schwankungsmaßes bedient hat (Étude sur le climat de l'Algérie. Annales du Bureau Centr. Météorol. d. France 1881, I); sodann habe ich beim Studium der Regenverhältnisse der Iberischen Halbinsel (Zeitschr. d. Ges. f. Erdkunde zu Berlin 1888) und namentlich im Regenwerk, Bd. I, seine große Brauchbarkeit auch für andere Zwecke eingehender nachgewiesen.

Wenn man von der Ungleichheit im numerischen Betrage der größten positiven und negativen Abweichung absehen kann, — wie nebenstehende Tabelle 9 lehrt, gibt es einige Orte, an denen beide gleich oder annähernd gleich groß sind — läßt sich aus der Größe des Quotienten $Q = \frac{M}{m}$ ein Schluß ziehen auf die ungefähre prozentische Abweichung der extremen Jahre. Wenn z. B. die Gesamtschwankung die Hälfte des Mittels beträgt, also ein Viertel nach oben und nach unten, ist $Q = \frac{\mu + \frac{\mu}{4}}{\mu - \frac{\mu}{4}} = \frac{5}{3} = 1.67$, d. h. man kann umgekehrt aus der Größe des Schwankungsquotienten von 1.67 schließen, daß das nasseste Jahr etwa 125 und das trockenste 75% des normalen Wertes ausmacht. In der Mehrzahl der Fälle wird das Maximum etwas größer und das Minimum etwas kleiner sein, vielleicht 130 und 78%, aber die Größenordnung der prozentischen Abweichungen bleibt dieselbe und ist aus dem Wert von Q auf die Weise bekannt. Ähnlich würde aus dem Wert von $Q = 3.0 = \frac{\mu + \frac{\mu}{2}}{\mu - \frac{\mu}{2}}$ folgen, daß die extremen Jahre um etwa 50% vom Mittel abweichen, usw.

Überblickt man die Werte der für eine große Zahl von Orten aus den verschiedensten Klimaten berechneten Schwankungsquotienten Max. : Min., so erkennt man zunächst, daß die kleinen Werte von 1.5 bis etwa 2.5 überall auf der Erde vorkommen können, während die hohen Werte an ganz bestimmte, scharf charakterisierte Klimagebiete geknüpft sind. Mit Rücksicht auf die hierbei in Frage kommenden praktischen Gesichtspunkte nenne ich das Verhältnis Max. : Min. sehr günstig, wenn es unter 2.0 bleibt, günstig bei Werten zwischen 2.0 und 2.4, ziemlich günstig bei solchen zwischen 2.5 und 2.9, wenig günstig bei solchen zwischen 3.0 und 3.9, ungünstig bei solchen zwischen 4.0 und 4.9, sehr ungünstig bei allen höheren Werten. In der Tat, wenn die Regenmenge eines Jahres viermal kleiner werden kann als die eines anderen, so ist das eine Schwankung, welche die wenigsten Kulturpflanzen ohne Schaden überdauern können.

Ich will nun einige Beispiele als Beleg für die eben erwähnte Tatsache geben, daß die kleineren Werte des Quotienten bis etwa 2.5 an keine bestimmte Region gebunden sind, sondern in allen Klimagebieten vorkommen können. Die neben dem Ortsnamen in Klammern stehende Zahl bedeutet die Zahl der Beobachtungsjahrgänge, aus denen die Werte der mittleren jährlichen Niederschlagsmenge und des Schwankungsquotienten abgeleitet sind.

	Mittl. Jahresmenge	Quotient		Mittl. Jahresmenge	Quotient
Europa.			Utrecht (49)	716	2.3
Thorshavn (Färöer) (35)	1558	1.6	Groningen (49)	678	1.9
Sandwick (Orkney I.) (45)	946	1.6	Gütersloh (50)	724	2.0
Edinburgh (50)	673	2.2	Trier (50)	681	1.9
Stonyhurst (50)	1195	2.0	Stuttgart (50)	644	2.3
Spalding (50)	620	2.4	Berlin (50)	581	2.1
Greenwich (50)	613	2.1	Kopenhagen (50)	560	2.0
Guernsey (50)	939	2.3	Skudenes (41)	1158	1.9
Paris (50)	537	1.9	Kristiania (41)	592	2.4
Bordeaux (50)	773	2.1	Helsingfors (50)	605	2.4
Montdidier (86)	565	2.3	St. Petersburg (50)	505	2.4
Lüttich (42)	747	1.8	Warschau (50)	574	2.2
Maastricht (49)	569	2.3	Moskau (48)	546	2.2

	Mittl. Jahres-menge	Quotient
Konstantinopel (48)	733	2.2
Wien (50)	623	2.1
Krakau (50)	655	2.3
Prag (50)	450	2.4
Altstätten (44)	1278	1.6
St. Gallen (44)	1341	1.8
Einsiedeln (50)	1600	1.7
St. Beatenberg (44)	1452	1.7
Neuchâtel (53)	936	2.1
Genf (50)	850	2.2
Amerika.[1]		
Toronto (37)	872	2.1
Providence, Rh. I. (45)	1101	1.8
New Bedford, Mass. (61)	1076	1.8
Philadelphia, Penn. (55)	1100	1.8
Marietta, Ohio (55)	1079	1.9
Habana (30)	1314	1.7
Rio de Janeiro (55)	1109	2.1
Alto da Serra (30)	3696	2.3
Buenos Aires (32)	900	2.6
Gardiner, Maine (53)	1100	1.8
Burlington, Verm. (53)	831	2.3
Boston, Mass. (79)	1153	2.5
New Bedford, Mass. (83)	1100	2.0
Springfield, Mass. (47)	1158	1.9
Providence, R. I. (65)	1153	2.1
New Haven, Conn. (45)	1163	1.8

	Mittl. Jahres-menge	Quotient
New York City (61)	1135	2.4
Washington, D. C. (41)	1090	2.0
Philadelphia, Penn. (72)	1074	2.1
Pittsburg, Penn. (54)	930	2.0
Cincinnati, Ohio (62)	1029	2.1
Marietta, Ohio (69)	1050	3.5 (?)
Detroit, Mich. (46)	825	2.3
Milwaukee, Wisc. (53)	787	2.5
Marengo, Ill. (45)	892	2.4
St. Louis, Miss. (60)	1036	3.0 (?)
Louisville, Kent. (54)	1199	2.1
Charleston, S. Car. (89)	1247	3.3
Key West, Flor. (49)	970	3.5
San Francisco, Cal. (50)	585	4.2
Sacramento, Cal. (47)	506	4.1
San Diego, Cal. (47)	246	9.5
Afrika.		
Kapstadt (60)	648	2.4
Algier (53)	683	2.6
Asien.		
Calcutta (72)	1545	2.6
Zi-ka-wei (32)	1101	2.2
Batavia (37)	1796	2.0
Australien.		
Adelaide (44)	514	2.3
Auckland (45) } Neu-Seeland	1086	2.2
Wellington (40) } Neu-Seeland	1286	2.3
Oamaru (40) } Neu-Seeland	555	2.4

[1]) Die meisten langjährigen Messungsreihen der Niederschlagsmenge in den Vereinigten Staaten erweisen sich für die Zwecke der vorliegenden Untersuchung leider als ungeeignet, weil die Stationen sehr häufig verlegt werden und die Aufstellung des Regenmessers damit wechselt. Bei dem Bestreben, möglichst auf der Plattform des höchsten Gebäudes die Station unterzubringen, wo die Himmelsschau zwar ausgezeichnet sein muß, die Aufstellung der Thermometer und des Regenmessers aber viel zu wünschen übrig läßt, wird die Höhe der letzteren Instrumente über dem Erdboden immer höher und höher und damit die Reihe natürlich inhomogen. So beträgt z. B. h_r in St. Louis jetzt 60.6 m, früher 30.5; in San Francisco ist die Höhe von 30.8 auf 46.9 m angewachsen, in New York aber sogar von 47.2 auf 93.0 m! Das ist wohl ein amerikanischer Rekord; denn es dürfte keinen zweiten Regenmesser auf der Erde geben, der in solcher Höhe über dem Erdboden stände. Dagegen ist in Chicago h_r von 72.5 auf 40.5 m heruntergegangen.

Es wäre interessant, von den amerikanischen Meteorologen einmal zu erfahren, wieviel Regenmesser eigentlich die normale Aufstellung am Erdboden haben.

Ähnlich hohe Aufstellungen des Regenmessers gibt es in Italien, wo sie indessen bis jetzt nur selten gewechselt haben. So beträgt h_r in Girgenti 41.0 m, Modena 42.2 m, Bologna 49.2 m, Tropea in Kalabrien 55.1 m und in Siena sogar 60.0 m! Nur ein paar Dutzend der 215 von Eredia (vergl. oben S. 13) benutzten Stationen hat den Regenmesser bis höchstens 2 m über dem Boden stehen. Diese Ungleichheit macht sich in der Regenkarte Italiens deutlich bemerkbar.

Die zunächst für fünf nordamerikanische Stationen oben gegebenen Werte des Schwankungsquotienten Q habe ich aus dem älteren Werke von Ch. Schott berechnet, das mit den Beobachtungen von 1876 abschließt (Tables and results of the precipitation, in rain and snow, in the United States, 2nd edit. Washington 1881. Fol.). Da die neuere Darstellung der Regenverhältnisse Nordamerikas von A. J. Henry (Rainfall of the United States, with annual, seasonal, and other charts. Washington 1897. 4°) auch die extremen Jahresmengen in Betracht zieht, habe ich für eine ausgewählte Zahl von langen Reihen Q abgeleitet, obwohl deren Inhomogenität von vornherein anzunehmen war. Sollte nämlich trotzdem der Schwankungsquotient nicht erheblich größer ausfallen, als die ersten 5 Werte angeben, so wäre damit der Beweis dafür erbracht, daß die Niederschläge in den Vereinigten Staaten von Nordamerika wirklich eine geringe Veränderlichkeit haben. In der Tat ergeben sich im allgemeinen kleine Schwankungsquotienten, die selbst in den Fällen, wie in Boston,

Aus diesen und vielen anderen von mir abgeleiteten Zahlen lassen sich Gesetzmäßigkeiten im Ausmaß der extremen Niederschlagsschwankungen kaum ableiten. Zur Erkenntnis der die Unterschiede bedingenden Ursachen wird man vielmehr erst geführt, wenn man ein sehr großes Material von Beobachtungen aus den verschiedensten Klimagebieten mit scharf ausgeprägten Regenverhältnissen verarbeitet vor sich hat und abwägen kann, wie die für die Regenbildung maßgebenden Faktoren hierbei einwirken.

Es würde zu weit führen, den Wert des für Hunderte von Stationen berechneten Schwankungsquotienten im einzelnen hier mitzuteilen. Ich begnüge mich vielmehr damit, die erkannten Gesetze zu formulieren und durch einige Beispiele zu erläutern.

1. Die Lage im Luv regenbringender Winde verringert die Niederschlagsschwankungen.

Dies gilt sowohl für Küstengebiete als auch für Gebirge. Der Grund ist ohne weiteres einleuchtend. Gegenden, die den Regen aus erster Hand erhalten, müssen konstantere Verhältnisse aufweisen, als solche, denen er auf Umwegen zuteil wird[1]).

2. Trockene Gebiete haben größere Schwankungen als regenreiche in deren Nachbarschaft.

Es kommt dabei nicht sowohl auf den absoluten Betrag der Niederschlagsmenge an, als vielmehr darauf, daß die nebeneinanderliegenden trockenen und feuchten Gebiete demselben Regenregime unterworfen sind.

Die Ursache dieses Verhaltens ist zum Teil rein arithmetischer Natur, da der Quotient bei kleinen Zahlen größer ausfällt als bei großen. Ein Beispiel möge dies erläutern. Gesetzt, zwei nicht allzuweit voneinander liegende Orte haben eine mittlere Regenmenge von 600 bezw. 300 mm, und es soll bei beiden das nasseste Jahr 200 mm mehr und das trockenste ebenso bei beiden 150 mm weniger Regen gebracht haben. Dann wird der Schwankungsquotient für den ersten Ort 1.8, für den zweiten aber 3.3 betragen. In Wahrheit werden allerdings die absoluten Beträge der Schwankungen (200 bezw. 150 mm) beim trockenen Ort etwas kleiner sein, aber trotzdem wird der Quotient größer werden.

3. Gebiete mit streng periodischer jahreszeitlicher Niederschlagsverteilung, insbesondere solche mit einer (oder zwei) ausgesprochenen Trockenzeit, haben größere Schwankungen der Niederschlagsmenge von Jahr zu Jahr als solche mit Niederschlägen zu allen Jahreszeiten.

New York, Marietta, Milwaukee, St. Louis, wo wegen Inhomogenität der Reihen der Wert von Q offenbar zu groß erscheint, fast noch kleiner sind, als in Mitteleuropa.

Wären die Reihen homogen, so würde der Schwankungsquotient im nordöstlichen Teil der Vereinigten Staaten wahrscheinlich nur etwa 2.0 betragen, also sehr klein sein. Erst in den Süd- und Golfstaaten, sowie in Kalifornien erreicht der Quotient Beträge, die denen im europäischen Mediterrangebiet entsprechen, während in Niederkalifornien, namentlich aber in der Mohave- und Gilawüste dieselben exzessiven Verhältnisse obwalten, wie in den Wüstengebieten Indiens, Ägyptens und Australiens: Yuma (21 J., 71 mm) Q = 8.4, Mohave (17 J., 404 mm) 53, Indio (16 J., 71 mm) 70!

[1]) Ich finde nachträglich, daß G. J. Symons diesen Grundsatz z. T. schon erkannt hat in der Arbeit »On the limits of fluctuation of total rainfall« (British Rainfall 1883, S. 29—32).

Der Grund hierfür ist der, daß etwaige Ausfälle in der eigentlichen Regenzeit durch Niederschläge im übrigen Teil des Jahres ungenügend oder gar nicht gedeckt werden können, was bei gleichmäßigen Niederschlägen zu allen Jahreszeiten leicht möglich ist.

Sehr häufig wirken alle drei aufgeführten Ursachen in demselben Sinne zusammmen; nicht selten kommt es aber auch vor, daß die eine oder gar zwei der anderen entgegenwirken.

Die trefflichsten Beispiele zur Erläuterung der beiden ersten Grundsätze liefert das indische Monsungebiet, aus dem von vielen Stationen 37—60jährige Regenmessungen vorliegen (The Rainfall of India. Ind. Meteorol. Memoirs, vol. XIV).

Der regenbringende Südwestmonsun ist über dem nördlichen Indischen Ozean am stärksten und regelmäßigsten entwickelt. Er trifft die Küste von Hinterindien fast senkrecht, während er der Ostküste von Vorderindien (Koromandel-Küste) nahezu parallel weht, ja hier stellenweise als ablandiger Wind auftritt. Desgleichen trifft der Südwestmonsun die Westküste von Vorderindien (Konkan- und Malabar-Küste) fast rechtwinklig; er ist aber im nördlichsten Teil, im Meerbusen von Arabien, mehrfachen Störungen ausgesetzt.

Wir werden daher erwarten dürfen, daß die Koromandel-Küste größere Schwankungen des Regenfalls aufweist als die hinterindische und die Konkan-Malabar-Küste. Die folgende kleine Tabelle, in der die Orte von Norden nach Süden angeordnet sind, beweist die Richtigkeit dieser Annahme.

Schwankungsquotienten im indischen Monsungebiet.

Konkan-Malabar-Küste		Koromandel-Küste		Hinterindische Küste	
Bombay (37)	3.2	Vizagapatam (38)	4.6	Chittagong (38)	2.0
Goa (40)	2.8	Cocanada (38)	4.5	Akyab (39)	1.7
Karwar (39)	2.6	Nellore (38)	5.4	Sandoway (35)	2.0
Mangalore (37)	2.0	Madras (87)	4.8	Moulmein (51)	1.8
Calicut (38)	2.1	Cuddalore (39)	5.1	Tavoy (40)	1.6
Cochin (37)	2.0	Negapatam (38)	5.2	Port Blair (33)	1.8

Da der Südwestmonsun im innersten Winkel der Bai von Bengalen das weite Flachland im Mündungsgebiet des Ganges und Brahmaputra ungehindert überweht, hat auch Nieder-Bengalen und Assam eine sehr geringe Veränderlichkeit des Regenfalls. So sind die Werte des Schwankungsquotienten für Balasore (41) 2.4, Calcutta (72) 2.6, Hoogly (36) 2.4, Comilla (39) 1.8, Cherrapoonjee (44), dem bekannten regenreichsten Ort der Erde, 2.3.

An den Stationen längs des Südfußes des Himalaya und in dessen Vorbergen läßt sich ferner erkennen, wie die Lage auf der Luvseite eines Gebirges den Wert des Schwankungsquotienten herabdrückt. Während nämlich im mittleren und oberen Gangestal, sowie in Zentralindien dieser Quotient zwischen 3.5 und 5.0 schwankt, geht er bei jenen Gebirgsstationen wieder auf viel kleinere Beträge herab. So hat, wenn wir von Osten nach Westen, von Sibsagar in Ober-Assam bis nach Simla, fortschreiten, Sibsagar (39) 1.8, Darjeeling (33) 2.1, Dharmsala (41) 3.2, Abbottabad (41) 2.6, Simla (38) 2.6. Gehen wir nun aber auf die Leeseite des Himalaya ins Tal des oberen Indus, so finden wir, daß die Niederschlagsmenge von 82 mm, die nach 25jährigen Beobachtungen dem 3500 m hoch gelegenen Leh zukommt, den Schwankungsquotienten 20.7 hat.

Hierbei kommt natürlich auch schon das zweite der oben aufgestellten Prinzipe zur Geltung: die exzessive Trockenheit von Leh. Der große Einfluß der Regenarmut zeigt sich aber noch deutlicher im Nordwesten von Ostindien, wo die Wüstengebiete am mittleren und unteren Indus, obwohl sie auch noch im Bereich des Südwestmonsuns und nahe bei feuchten Gegenden (oberes Pandschab) liegen, eine geradezu erschreckende Veränderlichkeit des Regenfalls von Jahr zu Jahr haben. Schon in Peshawar (42), wo der Indus in die Pandschab-Ebene tritt, ist der Quotient 5.6, in Mooltan (39) 10.3, Jacobabad (40) 16.7 und in Kurrachee (45) sogar 59.6. Bei so hohen Zahlen kommt es natürlich auf ein paar Einheiten, ja auf Zehner nicht an; wenn einmal ein Jahr noch einige Millimeter weniger Regen bringt als das bisher bekannte trockenste, so ändert das den Wert des Schwankungsquotienten gleich um solche Beträge.

Auch östlich von der Wüste Tharr, in Radschputana, ist der Quotient noch hoch, nämlich 5—10, während er im Innern von Zentral- und von Vorderindien 4—5 beträgt.

Die oben erwähnte indische Veröffentlichung der in den einzelnen Jahren gefallenen monatlichen und jährlichen Regenmengen unterscheidet zwischen dem Regenfall bei eigentlichem Südwestmonsun von Mai bis November und dem während der Herrschaft des Nordostmonsuns von Dezember bis April gefallenen Regens. Der letztere wird zwar in Indien allgemein als Regen des Nordostmonsuns bezeichnet (vergl. a. a. O. Einleitung S. II und Eliot's Climatological Atlas of India), tritt aber im nördlichen und zentralen Teile unter dem Einfluß von Depressionen auf, die von Persien kommen und in östlicher Richtung die Gangesebene entlang ziehen, oder er geht, namentlich im März und April, in Begleitung lokaler Gewitter nieder, während die Südostküste der vorderindischen Halbinsel und Ceylon die Hauptregenzeit von Oktober bis Mitte Dezember bei dem sich nach Süden zurückziehenden Südwestmonsun haben.

Ich habe nun für eine große Zahl von Stationen mit langen Beobachtungsreihen die Schwankungen des Regenfalls auch getrennt für die Regen des SW-Monsuns und NE-Monsuns ermittelt und gefunden, daß sie bei letzteren im allgemeinen erheblich größer ausfallen als bei ersteren. Die „Regen des Nordostmonsuns" sind so unbeständig, daß sie bisweilen ganz ausbleiben, Q also unendlich wird. Man könnte zunächst glauben, daß der relativ kleine Betrag dieser Regenmengen im Vergleich zu der des eigentlichen regenbringenden Südwestmonsuns gemäß dem obigen 2. Grundsatz den Wert des Schwankungsquotienten so sehr steigert, allein er ist auch da groß, wo der Hauptanteil der ganzen Jahresmenge bei Nordostmonsun fällt.

Bei dieser Gelegenheit habe ich zugleich die interessante Frage zu beantworten gesucht, welcher Anteil des indischen Regenfalls beim eigentlichen Südwestmonsun fällt. Es wurde zu dem Ende bei allen Stationen mit langen Beobachtungsreihen die von Mai bis November fallende Regenmenge in Prozenten der zugehörigen Jahresmenge ausgedrückt und das so gewonnene Material in Figur 10 zur kartographischen Darstellung gebracht.

Sie lehrt, wie die Konkanküste und der östliche Teil der Halbinsel Gudscherat fast ausschließlich Regen bei Südwestmonsun erhält — an vielen Orten in der Nähe von Bombay macht er 99.7 bis 99.9 Prozent der Gesamtmenge aus! —, wie der Südwestmonsun in einem breiten Streifen (95—99 Prozent) über die Zentralprovinzen bis zum östlichen Hindostan vordringt und mit dem gleichen Anteil auch an der hinterindischen Küste auftritt. Dagegen hat im Nordwesten zu beiden Seiten des Indus und noch weniger an der Grenze von Beluchistan und Afghanistan der Südwestmonsun nur geringen Anteil an der jährlichen Regenmenge, die an sich sehr klein ist und bis auf 100 mm herabsinkt. In Peshawar fallen noch 47, in Quetta nur 22 und in Kalat nur 17 Prozent bei Südwestmonsun, der, wie schon oben erwähnt, im nördlichen Teil des arabischen Meerbusens mehrfach abgelenkt wird und daher schwach bis in diese Gegenden vordringt. Auch die in Hochtälern des westlichen Himalaya gelegenen Stationen Kailang und Kilba erhalten nur 41 bezw. 46 Prozent des Regenfalls bei Südwestmonsun. —

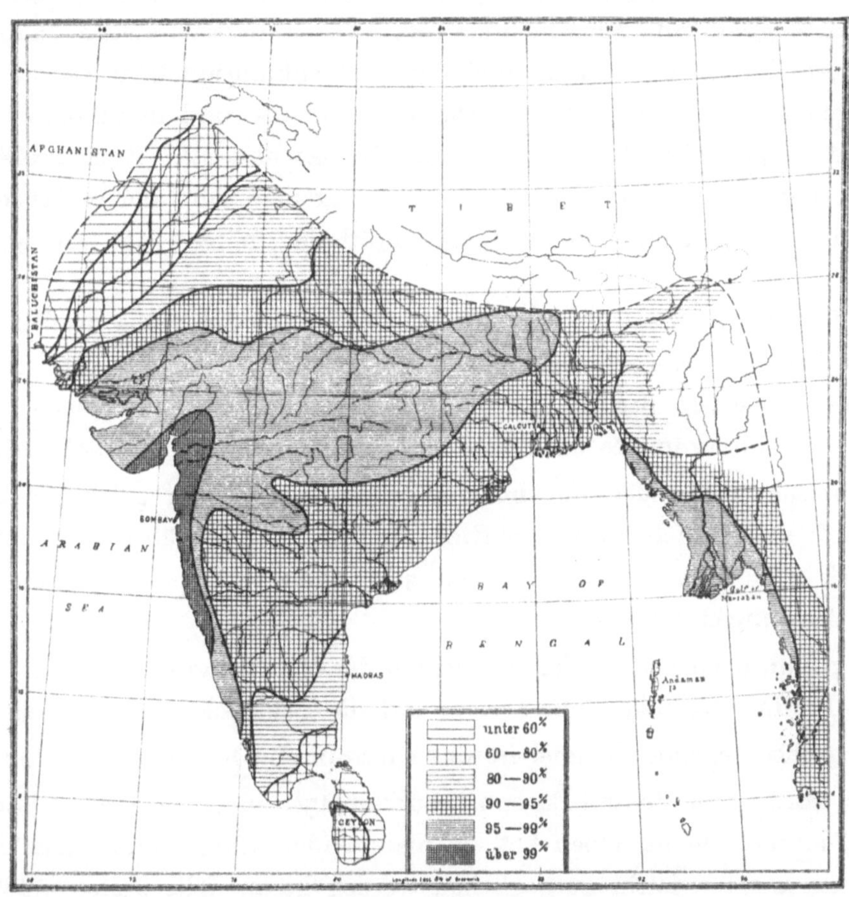

Fig. 10. Prozentischer Anteil der Südwestmonsunregen (Mai—November) an der Gesamtregenmenge des Jahres.

Ein anderes Beispiel für den Einfluß des Ausmaßes des Regenfalls auf dessen Schwankungen liefert uns Ägypten. Hier ist nach gleichzeitigen 15jährigen Beobachtungen der Quotient in Port Said 6.9, Ismailia 7.5, Suez 41.0. In Kairo (17) beträgt er 8.0 und in Suakin (13) 10.5. Er kann hier weiter landeinwärts, im eigentlichen Wüstengebiet, unendlich werden.

Ein drittes Beispiel entnehme ich gleichzeitigen 20jährigen Beobachtungen in der Regentschaft Tunis, die G. Ginestous (Étude sur le climat de la Tunisie. Tunis 1906. 8⁰) bekannt gegeben hat. Die ganze Küstenlandschaft von Tunis und Algerien hat eine geringe Veränderlichkeit des Regenfalls, weil sie im Luv der regenbringenden Nordwestwinde liegt. Weiter südwärts aber in den trockenen, ja Wüsten-Gebieten, nimmt sie rasch zu. So gelten für Tunesien die Werte: Bizerte 2.2, Tunis 2.1, Le Kef 3.0, Gafsa 4.0, Gabes 7.7.

Noch ungünstiger liegen die Verhältnisse in Deutsch-Südwestafrika. Schon aus 10—23jährigen Beobachtungen ergibt sich namentlich für den südlichen Teil der Kolonie eine ungewöhnlich große Veränderlichkeit des an sich schon sehr geringfügigen Regenfalls. Der Quotient beträgt in Windhuk 3.6, Rehoboth 5.4, Hoachanas 7.5, Gibeon 6.5, Warmbad 11.8, Port Nolloth 35.0. In Walfischbai wird er sogar ∞, da einige Jahre ganz regenlos geblieben sind[1]). In welchem Gegensatz dazu steht das regenreiche Debundja am Fuß des Kamerunberges, wo der Quotient knapp 2 beträgt!

Ähnliche Gegensätze bietet uns die Westküste von Südamerika, die ja in klimatologischer Beziehung viele Analogien mit der von Südafrika hat. Im regenreichen südlichen Teil von Chile kommt Puerto Montt (26 J., 2300 mm) der Schwankungsquotient 1.8 zu, in dem schon trockenen Santiago de Chile (52 J., 377 mm) wächst er auf 9.5, und in Lima (6 J., 46 mm) hatte das trockenste Jahr sogar 18 mal weniger Regen als das nasseste. Noch größer scheinen die Schwankungen in dem am Ostrand der Kordilleren gelegenen San Juan in Argentinien zu sein, wo nach 21jährigen Aufzeichnungen bei einer mittleren Jahresmenge von 49 mm Q gleich 74 wird.

Für den Einfluß der Lage im Lee eines Gebirges auf die Größe der Schwankungen des Regenfalls ließen sich noch viele Beispiele geben. Ein sehr passendes bietet Norwegen (vergl. oben S. 23). An der Küste beträgt Q nach 37—41jährigen Beobachtungen 1.9 bis 2.5, im Innern jenseits des Gebirgskammes über 3 (Röros 3.0, Eidsvold 3.1, Tönset 3.2).

Deshalb weisen wohl auch die in den großen Alpentälern gelegenen Stationen große Schwankungen auf; so ist nach Hann in Klagenfurt Q nach 50jährigen Beobachtungen von 1851—1900 gleich 2.8, nach 88jährigen sogar 3.6; auch in Innsbruck beträgt der Quotient nach 40jährigen Messungen 3.7. —

Es erübrigt nun noch, Belege für den dritten der oben aufgestellten Grundsätze zu geben, nämlich für den Einfluß der jährlichen Periode auf die Schwankungen der Jahresmenge.

Das uns nächst liegende Beispiel ist das subtropische Regime im Mittelmeergebiet.

Während Nord- und Zentral-Europa Niederschläge zu allen Jahreszeiten und deshalb eine geringe Veränderlichkeit derselben hat, da mangelnder Regen in der einen Jahreszeit durch reichlichen in einer anderen leicht ausgeglichen werden kann, fällt weiter südwärts im Mittelmeergebiet die Hauptmasse des jährlichen Regens in einer bestimmten Jahreszeit (Regenzeit), der eine viel weniger feuchte oder gar trockene Jahreszeit (Trockenzeit) gegenübersteht. Ein solcher Ausgleich ist hier daher nur in beschränktem Maße möglich, und infolgedessen müssen die Schwankungen des Regenfalls von Jahr zu Jahr größer ausfallen.

---

[1]) Relativ klein sind die Schwankungen der Regenmenge in Deutsch-Neu-Guinea, wo die Stationen Stephansort, Sattelberg und Herbertshöhe nach allerdings nur 12—15jährigen Beobachtungen einen zwischen 1.9 und 2.1 liegenden Schwankungsquotienten aufweisen.

Auch die große Regenmenge von Jaluit in den Marshallinseln (4200 mm) scheint ziemlich konstant zu sein; denn nach 10jährigen Beobachtungen ist Q nur gleich 1.5. Der Grund dafür liegt in der gleichmäßigen Verteilung des Regens über das ganze Jahr. Dagegen soll die nahe dem Äquator und schon im Bereich des Südostpassates gelegene kleine Insel Nauru (0° 27′ S. Br., 167° E. L. v. Gr., Regenmenge 1400 mm) eine so unregelmäßige Jahresperiode des Regenfalls haben, daß es begreiflich erscheint, den Schwankungsquotienten hier schon innerhalb einer kurzen Reihe von Beobachtungsjahren auf 6.4 anwachsen zu sehen.

In der Tat schwankt der Wert des Quotienten in Nord-, West- und Zentral-Europa etwa zwischen 1.8 und 2.8, dagegen beträgt er in Lissabon (50) 3.0, Madrid (49) 3.0, San Fernando (50) 4.2, Perpignan (50) 3.4, Montpellier (50) 3.5, Marseille (49) 3.7, Genua (50) 3.8, Neapel (50) 3.2, Palermo (50) 4.0, Malta (43) 3.5, Athen (36) 3.5. Der Quotient sinkt aber wieder, wie bereits erwähnt, auf niedere Werte herab an der Küste von Algerien und Tunesien (2.3 bis 2.8), die zwar auch noch dieselbe jährliche Periode des Regenfalls hat, aber im Luv regenbringender Winde liegt, welche eine größere Beständigkeit der eigentlichen Regenzeit herbeiführt, wie dies im Monsungebiet Indiens noch schärfer hervortritt.

Der Schwankungsquotient wird ferner vergrößert, wenn Niederschläge zwar das ganze Jahr fallen, aber in einer Jahreszeit mit besonderer Stärke. Dahin gehört z. B. das innere Hinterasien mit seinen ausgesprochenen Sommerregen. Hier hat Peking (32) einen Quotienten von 4.5, Nertschinsk (50) 3.6, Barnaul (50) 4.2.

Da die mittlere Amplitude oder mittlere periodische Schwankung einen guten Maßstab für die Strenge der Periodizität des Regenfalls in seiner jahreszeitlichen Verteilung abgibt, liegt es nahe anzunehmen, daß diese Größe auch dem Schwankungsquotienten ungefähr proportional sein müsse. Dies ist indessen nicht der Fall. Gerade ein Vergleich der Verhältnisse vom Innern Ostasiens mit denen des Mittelmeergebietes zeigt es aufs deutlichste. So hat z. B. Nertschinsk[1]) eine mittlere Amplitude von 26.8 % und einen Schwankungsquotienten von 3.6, während die entsprechenden Werte in San Fernando 15.2 bezw. 4.2 und in Palermo 14.6 bezw. 4.0 sind. Der Grund hierfür liegt wohl darin, daß die Sommerregen Ostasiens mit einer viel größeren Regelmäßigkeit eintreten, als die Winterregen im Mediterrangebiet, was wieder daraus am besten hervorgeht, daß man die Wahrscheinlichkeit für den Eintritt der größten Monatsmenge im Jahre feststellt. Diese ist für Nertschinsk und Peking (36 Jahre):

	Jan.	Febr.	März	April	Mai	Juni	Juli	Aug.	Sept.	Okt.	Nov.	Dez.
Nertschinsk	—	—	—	—	2	4	48	44	2	—	—	—
Peking	—	—	—	—	3	6	67	25	—	—	—	—

also im Maximum doppelt bis dreifach so groß als im Mediterrangebiet (vergl. oben Tabelle 3).

Schließlich will ich noch in Nutzanwendung aller drei oben aufgestellten Grundsätze die Wandlungen im Betrage des Schwankungsquotienten verfolgen, den er auf einem Querschnitt durch Australien von Norden nach Süden, längs des Überland-Telegraphen, allmählich erleidet.

	Mittlere Regenmenge in Millimetern	Schwankungs-Quotient
Port Darwin (31)	1596	1.9
River Katherine (28)	1020	3.1
Daly Waters (28)	701	4.9
Tennent's Creek (27)	397	5.7

[1]) Nach 50jährigen Beobachtungen von 1851—1900 hat Nertschinsk eine mittlere jährliche Niederschlagsmenge von 394.2 mm und folgende prozentische Verteilung auf die Monate:

Jan.	Febr.	März	April	Mai	Juni	Juli	Aug.	Sept.	Okt.	Nov.	Dez.	Amplitude
0.4	0.5	1.2	3.8	7.3	15.7	26.6	27.2	11.5	3.1	1.7	0.9	26.8

	Mittlere Regenmenge in Millimetern	Schwankungs-Quotient
Barrow's Creek (27)	313	9.5
Charlotte Waters (27)	144	10.2
Cowarie (18)	126	17.8
Kanowana (9)	72	15.7
Farina (22)	161	5.4
Blinman (35)	336	4.0
Clare (39)	618	2.7
Kapunda (40)	499	2.4
Adelaide (44)	514	2.3

Wenn Port Darwin trotz einer sehr stark ausgesprochenen jährlichen Periode — Juni bis August sind fast trocken — einen so kleinen Schwankungsquotienten hat, so liegt das daran, daß es im Luv des regenbringenden Nordwestmonsuns liegt. Die Verhältnisse liegen also ähnlich wie beim Südwestmonsun Hinterindiens. Von Farina ab südwärts gibt es Regen zu allen Jahreszeiten mit einem Maximum im Winter.

Eine noch größere Veränderlichkeit als im Nord-Territorium herrscht im nördlichen Teile von West-Australien, wo selbst längs der Küste (20—25° S. Br.) der Quotient in Onslow (14) 25.4 und in Cossack (17) 71.7 beträgt! Dagegen haben die südlichen Teile dieser Küste günstige Verhältnisse: Perth (24) 2.3, Bunbury (23) 2.1, Albany (23) 1.8. Auch die Ostküste von Australien zeichnet sich durch relativ große Schwankungen des Regenfalls aus: Brisbane (47) 3.7, Newcastle (41) 3.1, Sydney (63) 3.9. Im Innern von Neu-Süd-Wales und Queensland steigen die Werte vielfach auf 5 bis 8 an. —

Die sehr interessante Frage nach der Veränderlichkeit der Niederschlagsmenge in den Polargebieten läßt sich auf Grund der vorhandenen Beobachtungen nicht sicher beantworten; denn die Reihen sind im allgemeinen zu kurz und wegen der großen Schwierigkeit der Schneemessung wohl auch nicht sehr homogen. Nach den Berichten der Polarreisenden müßte man eigentlich a priori große Schwankungen annehmen, die bei dem geringen Betrage der ganzen jährlichen Niederschlagsmenge gemäß dem oben erörterten Grundsatz 2 an sich verständlich wären. Die Beobachtungen scheinen dies auch zu bestätigen, wobei ich allerdings nicht verbürgen kann, daß die verwendeten Reihen wirklich genügend homogen sind.

Während die auf der Westseite Islands, also im Luv der dort so häufig vorbeiziehenden Cyclonen gelegenen Stationen Vestmannö und Stykkisholm nach 25—28jährigen Beobachtungen den kleinen Quotienten Q von 1.7 bezw. 2.3 haben, steigt dessen Wert auf der Leeseite, d. h. der Ost- und Nordseite der Insel, erheblich an: Berufjord 3.0, Grimsey 3.9.

Für die westgrönländischen Stationen ergibt sich Q zu 3.5 bei Ivigtut, 2.9 bei Jacobshavn und 5.3 bei Upernivik. Auch an der nördlichsten und zugleich östlichsten norwegischen Station, Sydvaranger, das schon im Lee nahe unter 70° N. Breite liegt, steigt der Schwankungsquotient nach 37jährigen Aufzeichnungen bis zu 4.6 an.

Überblicken wir noch einmal die ganze Erde, so können wir sagen: kleine Schwankungen in der Jahresmenge der Niederschläge finden sich überall, aber große (Quotient > 3.5) fast ausschließlich nur in der Tropen- und Subtropenzone. Diesen gehören die Gebiete an, die durch exzessive Dürren und deren Folgeerscheinungen zu leiden haben, vor allem Australien, China, Indien und große Teile von Afrika.

Über die Ursachen der großen Schwankungen der jährlichen Regenmenge in gewissen Teilen der Tropen und Subtropen lassen sich nur Andeutungen machen.

Die häufigen kleinen Luftwirbel, in deren Begleitung die Hauptmenge des Niederschlags in der gemäßigten Zone herabfällt, fehlen den niederen Breiten fast ganz. Hier sind es zumeist die großen Windsysteme, an deren Eintreten die Regenfälle gebunden sind. Wenn wir es nicht schon anderweitig aus direkten Windbeobachtungen, namentlich im indischen Monsungebiet, wüßten, könnten wir umgekehrt aus dem großen Betrage der Schwankungen der Niederschläge in tropischen Gegenden schließen, daß diese Windsysteme hinsichtlich der Stärke ihrer Entwickelung und ihres Eintritts gleichfalls großen Schwankungen unterworfen sind. Daraus folgt aber wieder, daß die Luftdruckverteilung in jenen Gebieten durchaus nicht so konstant sein kann, wie man es wohl aus den Karten der mittleren Isobaren und in Anbetracht der daselbst auftretenden kleinen numerischen Beträge der unperiodischen Luftdruckänderungen annehmen möchte. Die Verlagerungen der großen Gebiete hohen und niedrigen Luftdruckes, welche die Luftzirkulation bestimmen, müssen bisweilen sehr erheblich sein, wenn solche Schwankungen im Regenfall, wie sie oben konstatiert wurden, zu Stande kommen sollen. Leider ist uns darüber bislang wenig verläßliches bekannt geworden. Es fehlen uns Isobarenkarten der Tropen und Subtropen für die einzelnen Monate aufeinanderfolgender Jahre, aus denen man diese Änderung in der Luftdruckverteilung entnehmen könnte. Vielleicht würden aber auch diese Karten zur Klärung der Frage noch nicht ausreichen, sondern es müßte die ganze Erde in Betracht gezogen werden; denn die Verteilung des Luftdruckes in der Tropenzone bildet nicht ein für sich abgeschlossenes, selbständiges System, sondern ist auch von derjenigen der übrigen Erdoberfläche abhängig. So kommen wir zu dem Postulat, daß Luftdruckkarten der ganzen Erde für einzelne Monate oder andere geeignete Zeitabschnitte entworfen werden müssen, um zum Verständnis der sicherlich recht komplizierten Erscheinungen zu gelangen. Natürlich würde auch die Kenntnis der gleichzeitigen Vorgänge in den höheren Schichten der Atmosphäre von außerordentlichem Wert für das Studium dieser Verhältnisse sein. Doch möchte ich, besonders im Hinblick auf das anzustrebende bessere Verständnis der heimischen Witterungsvorgänge, auch hier betonen, daß es meiner Ansicht nach vor allem darauf ankommt, unseren meteorologischen Gesichtskreis in räumlicher Beziehung erheblich zu erweitern. Alle unsere Tages-, Monats- und Jahreskarten der Verteilung des Luftdruckes und anderer meteorologischer Elemente umfassen einen viel zu kleinen Teil der Erdoberfläche, um die Vorgänge im eigenen Gebiet richtig verstehen zu können, weil man die bedingenden und beeinflussenden Ursachen außerhalb des eng begrenzten Gesichtsfeldes nicht kennt. Ich weiß sehr wohl, daß die Zeichnung von Isobarenkarten der ganzen Erde für die einzelnen Monate oder gar Tage noch auf lange Zeit ein frommer Wunsch bleiben muß, aber es scheint mir doch zweckmäßig, das Ziel anzudeuten, dem die Meteorologie der Zukunft zustreben muß. „Das Ziel muß man eher kennen, als die Bahn."

Die Frage nach dem nassesten und dem trockensten Jahr der Periode 1851—1905 in Europa kann noch ein besonderes Interesse beanspruchen.

Wie die später folgende Tabelle 16 lehrt, gibt es unter den 55 Jahren kein einziges, das überall zu naß oder überall zu trocken gewesen wäre. Aber eins hebt sich durch seinen allgemeinen Charakter von allen übrigen ab, nämlich das Jahr 1857, das fast überall sehr trocken, ja in weiten Gebieten Mittel-, Nord- und Osteuropas das trockenste der ganzen Reihe überhaupt war. Ein Kärtchen der Verteilung der absoluten Regenmenge dieses Jahres ließ sich wegen Mangels an genügend zahlreichen Stationen nicht konstruieren, dagegen zeigt die in Fig. 11. gegebene Karte in ausreichender Weise die Verteilung der prozentischen Jahres-

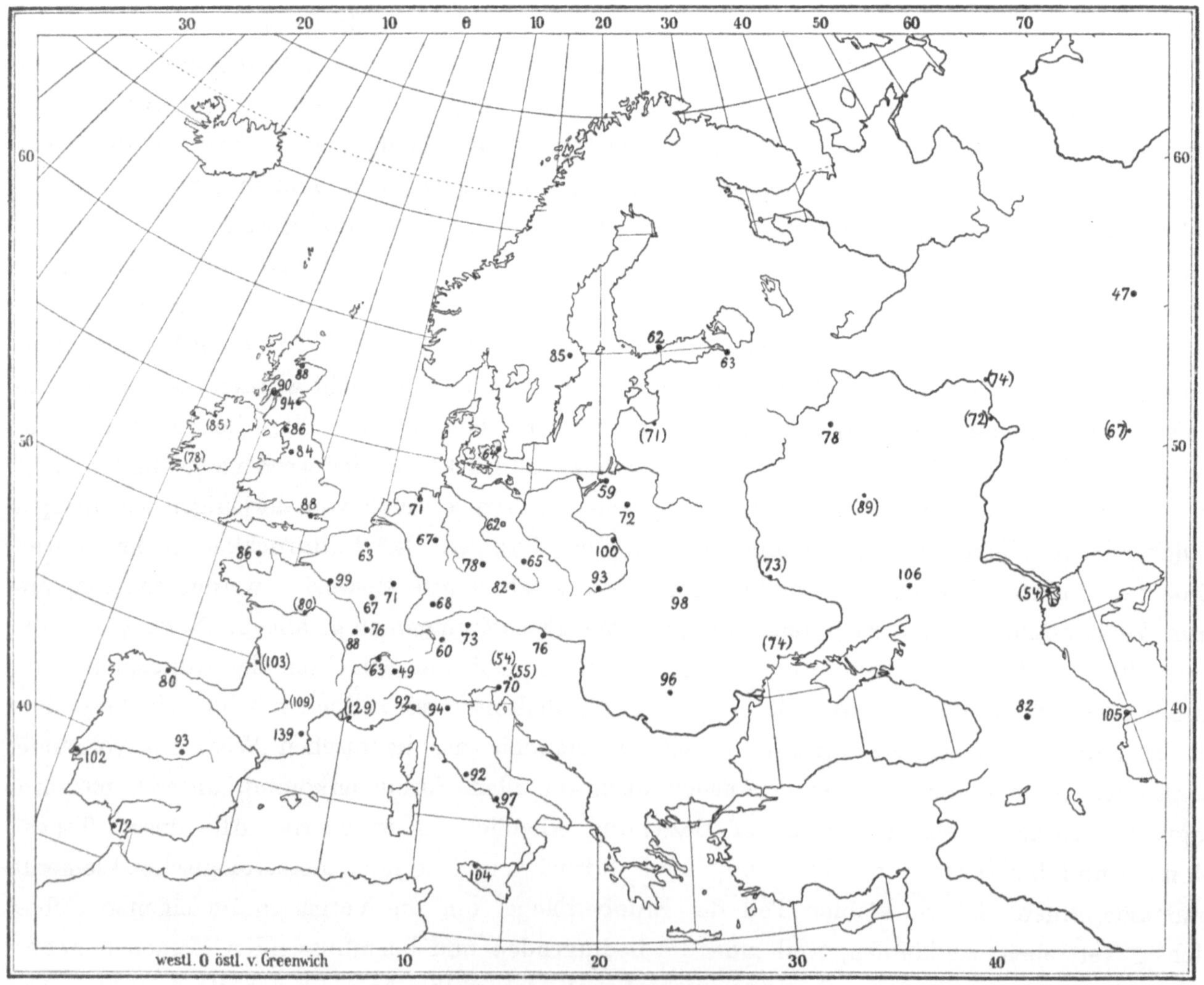

Fig. 11. Das trockene Jahr 1857.

Die Zahlen bedeuten die jährliche Niederschlagsmenge, ausgedrückt in Prozenten des vieljährigen Mittels.

mengen, bezogen auf das 50jährige Mittel 1851—1900. Es sind hierbei auch verschiedene andere Stationen mit längeren Reihen benutzt und in der Karte durch kleinere Ortssignaturen sowie durch eingeklammerte Werte kenntlich gemacht worden; nur für Nordeuropa jenseits des 60. Breitengrades ließ sich kein entsprechendes Material beschaffen. Abgesehen von der südfranzösischen Landschaft zwischen der Bucht von Biscaya und dem Golf von Lion, die stellenweise (Perpignan, Marseille) erheblich zu viel Niederschläge hatte, sowie von einigen zerstreuten lokalen Ausnahmen (Lissabon, Palermo, Lugan, Tiflis) scheint das Jahr 1857 wirklich in ganz Europa zu trocken gewesen zu sein. Am bedeutendsten war der Fehlbetrag im Nordosten (Königsberg 41, Helsingfors 38, Petersburg 37, Katharinenburg 53 Prozent). Sodann fällt besonders das Alpengebiet durch exzessiven Mangel an Niederschlägen auf: Gr. St. Bernhard hatte 51, Isny im Allgäu 40, Klagenfurt[1]) 46, Laibach[1]) 45 Prozent Defizit. Die große Trockenheit dehnte sich noch bis zur Mitte des Jahres 1858, ja stellenweise noch bis 1859 aus, so daß begreiflicherweise die auf S. 41 angegebene längste Aufeinanderfolge trockener Monate bei vielen Stationen in diese Zeit (1857, 1858) fällt. Im Nordosten Europas litten bereits die beiden vorhergehenden Jahre 1855 und 1856 unter Regenmangel; vgl. auch die entsprechenden Kärtchen 39 und 40 im Regenwerk, Bd. I, S. 265ff.

Für die praktischen Zwecke des Hydrotechnikers und Ingenieurs ist es oft von Wichtigkeit zu wissen, bis zu welchem Höchstbetrage sich die Niederschlagsmenge zweier oder dreier aufeinanderfolgender Jahre steigern oder bis zu welchem minimalen Werte sie herabsinken kann. Zur Beantwortung dieser Frage wurden in den guten 55jährigen Reihen (1851—1905) diejenigen Jahresmengen herausgesucht, welche die eben gestellten Bedingungen erfüllen. Sie sind in Tabelle 10 angegeben und der besseren Vergleichbarkeit wegen, wie in Tab. 9, in Prozenten der zugehörigen mittleren Jahresmenge ausgedrückt. Ohne auf Einzelheiten einzugehen, begnüge ich mich mit der Formulierung der wichtigsten allgemeinen Ergebnisse aus diesen numerischen Nachweisen:

1. In ganz Mittel- und Nordeuropa darf die maximale Niederschlagsmenge zweier aufeinanderfolgender Jahre zu 125—135 Prozent der mittleren Jahresmenge angenommen werden.

Sehr begünstigt in dieser Beziehung erscheinen Stonyhurst mit nur 113 und Paris mit 120 Prozent, als Ausnahmen Brüssel mit 137 und Warschau mit 136 Prozent.

Im subtropischen Regenregime des Mittelmeergebietes sollte dieser Prozentsatz nicht unter 145 Prozent angesetzt werden.

Begünstigt erscheinen hier Neapel mit nur 128 und Tiflis mit 129 Prozent.

2. Die Maximalniederschlagsmenge dreier aufeinanderfolgender Jahre beträgt in den Gebieten mit kleinen Schwankungen durchschnittlich nur 3—5 Prozent weniger als in zwei Folgejahren, im Mediterrangebiet aber etwa 10 Prozent.

Beachtung verdient, daß Orte mit ausgesprochenen Sommerregen, wie Hermannstadt, Moskau und Katharinenburg bei den größten Mengen zweier und dreier aufeinanderfolgender

[1]) Nach J. Hann, Die Schwankungen der Niederschlagsmengen in größeren Zeiträumen. Wien 1902. 8°. und F. Seidl, Das Klima vom Krain. Laibach 1902. 8°.

Tab. 10. Die größte und die kleinste Niederschlagssumme von 2 und von 3 aufeinanderfolgenden Jahren innerhalb der Periode 1851—1905, ausgedrückt in Millimetern und in Prozenten des zwei- bezw. dreifachen 50jährigen (1851—1900) Jahresmittels.

	Größte Summe von 2 Jahren			Größte Summe von 3 Jahren			Kleinste Summe von 2 Jahren			Kleinste Summe von 3 Jahren			Verhältnis	
	mm	%	Jahre	mm	%	Jahre	mm	%	Jahre	mm	%	Jahre	M(2)/m(2)	M(3)/m(3)
San Fernando	2397	169	1871-72	3346	157	1870-72	755	53	1851-52	1386	65	1903-05	3.2	2.4
Lissabon	2177	147	1855-56	2936	132	1855-57	909	61	1874-75	1605	72	1873-75	2.4	1.8
Madrid[1]	1302	158	1885-86	1819	147	1884-86	594	72	1858-59	895	72	1858-60	2.2	2.0
Perpignan	1601	147	1875-76	2288	140	1855-57	602	55	1877-78	971	60	1867-69	2.7	2.4
Dijon	1730	128	1855-56	2435	120	1854-56	888	66	1869-70	1432	71	1869-71	1.9	1.7
Pouilly-en-Auxois	1882	122	1855-56	2708	117	1854-56	1073	69	1869-70	1705	74	1869-71	1.8	1.6
Paris	1292	120	1887-88	1911	119	1852-54	854	80	1863-64	1380	86	1893-95	1.5	1.4
Bar-le-Duc	2379	130	1878-79	3470	126	1877-79	1334	73	1857-58	2027	74	1857-59	1.8	1.7
Greenwich	1625	132	1852-53	2288	124	1878-80	913	74	1863-64	1572	85	1900-02	1.8	1.5
Stonyhurst	2792	113	1881-82	4068	114	1880-82	1860	78	1887-88	2938	82	1887-89	1.5	1.4
Seathwaite	8956	130	1861-62	13374	129	1861-63	4922	71	1855-56	7883	76	1855-57	1.8	1.7
Edinburgh	1815	135	1876-77	2442	121	1876-78	1051	78	1854-55	1612	80	1885-87	1.7	1.5
Rothesay	3046	125	1872-73	4292	118	1871-73	1952	80	1855-56	3000	82	1887-89	1.6	1.4
Culloden	1672	132	1899-1900	2463	130	1898-1900	1016	80	1886-87	1506	80	1887-89	1.6	1.6
Brüssel	2000	137	1877-78	2821	129	1876-78	968	66	1857-58	1707	78	1863-65	2.1	1.7
Gütersloh	1779	123	1879-80	2658	122	1880-82	1000	69	1857-58	1643	76	1885-87	1.8	1.6
Berlin	1412	122	1860-61	2064	118	1860-62	835	72	1856-57	1438	82	1872-74	1.7	1.4
Königsberg i. Pr.	1559	122	1884-85	2294	120	1883-85	703	55	1857-58	1156	60	1857-59	2.2	2.0
Görlitz	1637	124	1851-52	2300	116	1852-54	1025	78	1864-65	1569	79	1864-66	1.6	1.5
Trier	1718	126	1866-67	2463	120	1866-68	1032	76	1857-58	1734	85	1863-65	1.7	1.4
Stuttgart	1721	134	1877-78	2390	124	1877-79	834	65	1864-65	1347	70	1863-65	2.1	1.8
Genf	2129	125	1895-96	2979	117	1894-96	1265	74	1857-58	1949	76	1857-59	1.7	1.5
Gr. St. Bernhard	3300	138	1900-01	4666	130	1900-02	1265	53	1857-58	2198	61	1857-59	2.6	2.1
Modena	1828	133	1895-96	2631	128	1853-55	955	70	1882-83	1529	74	1882-84	1.9	1.7
Genua	3880	149	1872-73	5184	133	1901-03	1968	76	1860-61	3243	83	1869-71	2.0	1.6
Rom	2527	148	1900-01	3426	134	1899-1901	1216	71	1865-66	1957	76	1865-67	2.1	1.8
Neapel	2177	128	1868-69	3064	120	1868-70	1057	62	1879-80	1937	76	1879-81	2.1	1.6
Palermo	1825	136	1896-97	2658	133	1896-98	798	59	1866-67	1428	71	1865-67	2.3	1.9
Triest	3185	146	1855-56	4239	130	1851-53	1657	76	1865-66	2571	79	1893-95	1.9	1.6
Wien	1657	133	1878-79	2416	129	1878-80	892	72	1857-58	1380	74	1856-58	1.9	1.8
Hermannstadt	1800	133	1851-52	2436	120	1869-71	950	70	1861-62	1512	74	1861-63	1.9	1.6
Kopenhagen	1429	128	1866-67	1946	116	1866-68	762	68	1857-58	1285	76	1869-71	1.9	1.5
Upsala	1400	130	1866-67	1995	123	1866-68	727	67	1874-75	1188	73	1874-76	1.9	1.7
Helsingfors	1604	132	1882-83	2268	125	1902-04	838	69	1857-58	1373	76	1853-55	1.9	1.7
St. Petersburg	1309	130	1866-67	1893	125	1869-71	631	62	1857-58	1027	68	1852-54	2.1	1.8
Warschau	1561	136	1854-55	2336	136	1853-55	822	72	1862-63	1325	77	1884-86	1.9	1.8
Moskau[2]	1400	128	1893-94	1961	120	1893-95	830	76	1857-58	1398	85	1890-92	1.7	1.4
Lugan	1125	142	1893-94	1589	134	1893-95	497	63	1855-56	802	67	1862-64	2.3	2.0
Tiflis	1247	129	1868-69	1793	123	1868-70	684	71	1856-57	1091	75	1855-57	1.8	1.6
Katharinenburg	1036	138	1887-88	1471	131	1887-89	381	51	1856-57	652	58	1855-57	2.7	2.3

Jahre relativ kleine Werte aufweisen, also im Übermaß des Regenfalls gemäßigte Verhältnisse zeigen gegenüber den Gegenden mit trockenem Sommer. Auch dürfte eine Gesetzmäßigkeit darin bestehen, daß sich die Bergstationen exzessiver verhalten als die benachbarten der Ebene (vgl. Gr. St. Bernhard mit Genf und Seathwaite mit Stonyhurst).

3. Die Minimalmenge des Niederschlags zweier aufeinanderfolgender Jahre weist viel größere räumliche Verschiedenheiten als die Maximalmenge auf. In regenreichen Gegenden ist

[1]) Nur 1854—1905. [2]) Nur 1853—1905, außer 1859.

sie im allgemeinen größer als in trockenen. Man darf ihren Betrag annehmen: in England und Schottland zu 72—80 Prozent, in Mittel-, und Nordfrankreich, Belgien, Holland, Deutschland, Skandinavien, Rußland, Österreich und Norditalien zu 66—76 Prozent (Ausnahmen sind einerseits Paris mit 80, andererseits Königsberg i. Pr. mit nur 55 Prozent) und im südlichen Mediterrangebiet zu 55—65 Prozent.

4. Für die kleinste Niederschlagsmenge dreier aufeinanderfolgender Jahre kann man ungefähr in Ansatz bringen: in England und Schottland 80—85 Prozent, in Spanien, Portugal und Süditalien 60—72 Prozent, im übrigen Europa 70—80 Prozent.

Auch hier (Punkt 3 und 4) zeichnen sich die Bergstationen wieder durch exzessivere Verhältnisse aus; desgleichen Katharinenburg.

Extreme Schwankungen der Monatsmengen.

In gleicher Weise, wie bei den extremen Jahresmengen des Niederschlags, wurde auch bei den größten Monatsmengen — die kleinsten können fast überall Null werden und kommen daher hier zunächst nicht in Betracht — ihr Verhältnis zu den zugehörigen Normalen berechnet. Die Tabelle 11 enthält diese Verhältniszahlen, die aussagen, um wievielmal die größte während der 50 Jahre 1851—1900 in den einzelnen Monaten vorgekommene Monatssumme größer ist als die mittlere.

Die Zahlenwerte schwanken zwar noch außerordentlich stark hin und her, offenbar, weil 50jährige Reihen für diesen Zweck noch zu kurz sind, verraten indessen schon einige Gesetzmäßigkeiten, die sich folgendermaßen formulieren lassen:

1. In ganz Europa ist durchschnittlich die höchste Monatssumme 2.5 bis 3.0 mal so groß wie der zugehörige mittlere Monatswert; nur im Mittelmeergebiet (subtropische Regen) erreicht diese Verhältniszahl höhere Werte bis zu etwa 7, und zwar wesentlich wegen der extremen Verhältnisse in den trockenen Sommermonaten, während sie im Bereich des ozeanischen Regentypus kleiner wird (Stonyhurst und Rothesay 2.2, Seathwaite 2.3).

Der mittlere Quotient $\frac{\text{Monatsmaximum}}{\text{Monatsmittel}}$ ist demnach etwa von derselben Größenordnung wie der mittlere Quotient $\frac{\text{Jahresmaximum}}{\text{Jahresminimum}}$, was beachtenswert erscheint.

2. Die jährliche Periode dieser Verhältniszahl ähnelt sehr derjenigen der mittleren relativen Veränderlichkeit der Monatsmengen, d. h. sie ist im allgemeinen größer in trockenen als in nassen Monaten.

Da die größte in einem Monat überhaupt vorgekommene Niederschlagsmenge ein besonderes Interesse für sich beanspruchen kann und ihre Kenntnis namentlich für manche rein praktische Fragen der Hydrotechnik von Wert ist, habe ich versucht, auf einem neuen Wege einige Gesetzmäßigkeiten über ihren Betrag abzuleiten. Wenn es nämlich gelänge, diese größte Monatssumme als eine Funktion der mittleren Jahresmenge darzustellen, dann würde man den Vorteil haben, für einen Ort, dessen ungefährer Jahresniederschlag bekannt ist, auch ohne das

Vorhandensein langer Beobachtungsreihen die zu erwartende größte Monatsmenge berechnen zu können.

Ich habe deshalb zunächst bei den genauer geprüften europäischen Stationen mit 55jährigen Messungsreihen (1851—1905) die größte vorgekommene monatliche Niederschlagsmenge in Prozenten des 50jährigen Jahresmittels (1851—1900) ausgedrückt und die Ergebnisse in folgender Tabelle 12 zusammengestellt.

Tabelle 11. Verhältnis des Monatsmaximums der Niederschlagsmenge zum Monatsmittel (1851—1900).

	Januar	Februar	März	April	Mai	Juni	Juli	August	Septbr.	Oktbr.	Novbr.	Dezbr.	Mittel für alle Monate	Mittel für Okt. bis März	Mittel für April bis Sept.
San Fernando	3.21	3.76	2.49	4.52	4.32	7.12	**23.64**	12.38	7.04	3.13	3.28	2.97	6.5	3.1	9.8
Lissabon	3.03	3.29	2.52	3.09	2.59	4.49	5.31	6.02	**6.41**	3.05	4.02	4.13	4.0	3.3	4.7
Madrid [1])	4.18	4.58	3.86	4.42	2.44	3.43	**13.37**	5.31	3.84	2.90	2.89	2.41	4.5	3.5	5.5
Dijon	2.53	2.63	3.02	2.72	**3.71**	2.34	2.24	2.72	2.43	2.89	2.24	2.71	2.7	2.7	2.7
Pouilly-en-Auxois	2.49	3.01	2.42	2.49	**3.84**	1.89	1.96	2.92	2.80	2.59	2.01	2.39	2.6	2.5	2.6
Paris	2.09	2.69	2.11	2.05	2.76	**3.54**	2.11	1.76	2.80	2.66	2.83	2.12	2.5	2.4	2.5
Bar-le-Duc	2.30	2.85	2.34	2.64	2.11	2.19	**3.19**	2.91	1.88	2.30	3.14	2.37	2.5	2.5	2.5
Greenwich	2.23	2.76	2.71	2.75	2.31	2.85	2.76	2.36	2.55	2.77	2.71	**3.04**	2.6	2.7	2.6
Stonyhurst	1.97	2.65	2.13	2.36	2.32	1.87	2.13	1.96	2.03	**2.67**	2.12	2.00	2.2	2.3	2.1
Seathwaite	2.02	2.15	2.58	2.52	2.44	2.14	2.35	2.36	2.05	2.36	**2.66**	2.06	2.3	2.3	2.3
Edinburgh	2.66	**3.77**	2.78	3.03	2.15	2.99	2.10	2.76	2.34	2.81	2.37	3.31	2.8	2.9	2.6
Rothesay	2.05	2.11	2.18	**2.67**	2.23	2.53	2.22	2.26	2.11	1.73	1.92	2.01	2.2	2.0	2.3
Culloden	2.75	2.34	2.49	**2.91**	2.33	2.69	2.35	2.58	2.49	2.25	2.52	2.65	2.5	2.5	2.6
Brüssel	2.44	2.74	2.14	2.28	2.66	2.29	**2.78**	2.07	2.05	2.31	**2.78**	2.32	2 4	2.4	2.4
Gütersloh	1.89	2.86	2.45	**3.53**	2.12	2.68	2.18	2.39	2.39	1.93	2.38	2.90	2.5	2.4	2.6
Berlin	2.25	**3.38**	3.06	2.65	2.95	2.20	2.98	2.69	2.31	2.89	2.77	2.37	2.7	2.8	2.6
Görlitz	1.99	2.69	**2.84**	2.50	2.51	1.99	2.22	2.27	2.64	2.73	2.81	2.69	2.5	2.6	2.4
Stuttgart	3.01	2.76	2.73	2.36	2.20	1.95	2.05	2.84	2.58	**3.12**	2.95	**3.12**	2.6	2.9	2.3
Genf	2.79	3.44	3.11	2.35	**3.67**	2.51	2.31	2.57	2.67	2.59	2.56	2.94	2.8	2.9	2.7
Gr. St. Bernhard	2.72	**3.91**	3.32	2.18	2.36	2.65	2.68	2.43	3.72	2.81	2.39	2.32	2.8	2.9	2.7
Modena	3.08	4.09	3.23	2.38	2.61	2.28	3.15	**5.06**	3.15	2.95	2.76	4.08	3.2	3.4	3.1
Genua	3.24	3.13	2.73	2.90	2.43	3.37	4.45	**5.31**	3.82	3.80	2.47	5.13	3.6	3.4	3.7
Rom	2.36	2.90	2.27	2.63	2.70	2.98	**6.65**	3.79	2.76	2.56	3.05	2.39	3.1	2.6	3.6
Neapel	2.57	2.80	2.77	2.57	3.44	5.45	**8.60**	3.61	2.65	1.99	2.88	2.33	3.5	2.6	4.4
Triest	**4.83**	3.75	2.32	2.76	2.34	2.54	2.71	2.60	2.21	2.43	3.44	2.54	2.9	3.2	2.5
Wien	3.50	**4.02**	3.69	3.25	2.57	3.24	2.91	2.64	2.53	2.81	2.26	3.14	3.0	3.2	2.9
Hermannstadt	3.06	2.56	2.73	2.10	2.13	2.38	2.25	**5.90**	3.30	2.56	2.59	3.17	2.9	2.8	3.0
Kopenhagen	2.28	**3.11**	2.74	2.51	2.46	2.38	2.25	2.56	1.83	2.34	2.26	2.38	2.4	2.5	2.3
Upsala	2.36	**3.02**	2.22	2.81	2.75	2.12	2.83	2.07	2.35	2.03	2.57	2.13	2.4	2.4	2.5
Helsingfors	1.90	2.61	**3.30**	3.07	2.20	2.77	3.08	2.22	2.28	2.25	2.00	2.35	2.5	2.4	2.6
St. Petersburg	2.50	2.55	2.43	**3.22**	2.42	2.92	2.09	2.56	2.25	2.40	2.27	2.84	2.5	2.5	2.6
Moskau [2])	2.41	2.37	2.84	2.83	2.08	2.15	2.29	1.94	**3.49**	2.86	2.43	2.93	2.5	2.6	2.5
Lugan	2.45	3.32	3.36	3.02	2.86	2.34	2.82	3.20	**3.80**	3.09	2.64	3.20	3.0	3.0	3.0
Tiflis	**4.32**	2.65	2.87	3.30	3.01	2.13	2.96	3.08	3.92	3.21	2.62	3.38	3.1	3.2	3.0
Baku	5.85	4.24	5.04	5.00	5.96	4.44	**13.33**	5.54	4.89	3.45	3.32	2.81	5.3	4.1	6.5
Katharinenburg	3.60	3.42	3.71	3.19	3.12	2.21	2.36	2.26	3.08	**4.07**	2.94	2.46	3.0	3.4	2.7

Aus diesen Zahlen und noch besser aus einer Karte von Europa, in die sie eingetragen sind, kann man entnehmen, daß in weiten räumlichen Gebieten, die bezüglich ihrer Niederschlagsverhältnisse als zusammengehörig betrachtet werden können, der prozentische Anteil der größten Monatsmenge an der mittleren Jahresmenge ziemlich konstant ist. Das scheint mir

[1]) Seit Dezember 1853. [2]) Seit Mai 1853, außer 1859.

ein sehr erfreuliches Resultat zu sein; denn wenn diese annähernde Konstanz besteht und unter sonst gleich bleibenden Umständen von dem absoluten Betrage der Jahresmenge so gut wie unabhängig ist, dann wird es in der Tat möglich, aus dem mittleren jährlichen Niederschlag auf die zu erwartende größte Monatsmenge einen brauchbaren Schluß zu machen. Nun bemerkt man allerdings in Tabelle 12 einige Prozentwerte, wie z. B. bei Perpignan, Genua und Hermannstadt, die über diejenigen der Nachbarstationen erheblich hinausgehen; sie erweisen sich aber als ganz ungewöhnliche Ausnahmefälle, wie schon auf S. 12 bei Besprechung der Beobachtungsreihen von Genua und Hermannstadt gezeigt wurde. Um sich darüber noch weiter zu vergewissern, habe ich auch die zweitgrößte Monatssumme, die in der 55jährigen Reihe 1851—1905 vorgekommen ist, in der Tabelle 12 aufgeführt. Weicht diese nur wenig von der größten ab, so kann man sicher sein, denjenigen Wert der maximalen Monatsmenge vor sich zu haben, der für alle praktischen Zwecke ausreicht. Bleibt aber die zweitgrößte Monatsmenge erheblich hinter der größten zurück, dann stellt letztere einen Ausnahmefall[1] dar, der gewöhnlich außer Betracht gelassen werden kann.

Tabelle 12. Größte und zweitgrößte Monatssumme der Niederschlagsmenge in der Periode 1851—1905.

	Größte Monatssumme in		Zweitgrößte Monatssumme in	
	Millim.	Proz. der mittl. Jahresmenge	Millim.	Proz. der mittl. Jahresmenge
San Fernando	357	50	315	44
Lissabon	415	56	396	53
Madrid[2]	185	45	155	38
Oviedo[3]	418	50	322	38
Perpignan	404	74	266	49
Dijon	230	34	211	31
Pouilly-en-Auxois	262	34	232	30
Paris	195	36	151	28
Bar-le-Duc	287	31	265	29
Greenwich	194	32	171	28
Stonyhurst	341	28	274	23
Seathwaite	899	26	834	24
Edinburgh	212	32	194	29
Rothesay	267	22	264	22
Culloden	169	27	168	27
Brüssel[4]	208	29	168	23
Gütersloh	208	29	195	27
Berlin	229	39	188	32
Königsberg i. Pr.	197	31	186	29
Görlitz	204	31	199	30
Trier	181	27	166	24
Stuttgart	196	30	190	30

	Größte Monatssumme in		Zweitgrößte Monatssumme in	
	Millim.	Proz. der mittl. Jahresmenge	Millim.	Proz. der mittl. Jahresmenge
Genf	298	35	289	34
Gr. St. Bernhard	420	35	411	34
Modena	277	40	266	35
Genua	776	60	646	50
Rom	373	44	339	40
Neapel	352	41	302	35
Palermo	306	46	247	37
Triest	352	32	320	29
Wien	228	37	206	33
Hermannstadt	470	69	272	40
Kopenhagen	170	30	152	27
Upsala	200	37	161	30
Helsingfors	192	32	165	27
St. Petersburg	197	39	185	37
Warschau	184	32	177	31
Moskau[5]	203	37	164	30
Lugan	147	37	145	37
Tiflis	228	47	200	41
Katharinenburg	162	43	159	42

Eine nähere Prüfung der in Tabelle 12 enthaltenen prozentischen Anteile der größten Monatsmenge an der mittleren Jahresmenge führt zu dem Ergebnis, daß diese Prozentzahlen

[1] Wie vereinzelt solche Ausnahmefälle selbst auf größeren Gebieten eintreten, zeigt der Umstand, daß sich unter den von zahlreichen Stationen im Regenwerk, Bd. I, S. 260—262 aufgeführten Monatsextremen nur ein einziges durch seinen hohen Betrag auszeichnet, nämlich die Regenmenge von 310 mm, die im August 1844 zu Klaussen in Masuren gefallen ist. Sie beläuft sich auf 56 Prozent der mittleren Jahresmenge dieses Ortes (vgl. auch a. a. O. S. 270 Anmerkung).

[2] Seit Dezember 1853. [3] Nur 1851—1900. [4] Für 1905 Beobachtungen von Uccle. [5] Seit Mai 1853, außer 1859.

im allgemeinen der Größe des oben behandelten Schwankungsquotienten Q entsprechen. Die Lage im Luv regenbringender Winde, eine möglichst gleichmäßige Verteilung der Niederschläge auf die Jahreszeiten (kleine Amplitude) und ein hoher absoluter Betrag der Niederschläge drückt den relativen Wert der größten Monatssumme herab, während er anwächst in trockenen Gegenden, namentlich wenn sie im Lee liegen, sowie in Gebieten mit streng periodischen Niederschlägen.

Für praktische Zwecke wird man als größte monatliche Niederschlagsmenge in den einzelnen Ländern folgende Prozentwerte annehmen dürfen, wobei die untere und obere Grenze gemäß den eben erörterten Grundsätzen zu wählen sein wird: Iberische Halbinsel 45—55 Prozent der jeweiligen mittleren Jahresmenge, Mittel- und Nordfrankreich 30—35, Großbritannien 25—32, Belgien und Niederlande 30, Deutschland 30—38, Dänemark 30, Italien 40—46 Prozent. Für Österreich, Schweden und Rußland unterlasse ich lieber die Angabe eines allgemeinen Mittelwertes, da für diese großen Gebiete zu wenig Stationen vorliegen.

Ein Beispiel möge den praktischen Gebrauch der vorstehenden Erörterungen erläutern. Von Montdidier bei Amiens liegt eine 86jährige Beobachtungsreihe (1784—1869) vor, die eine mittlere jährliche Regenmenge von 565 mm ergibt[1]). Wären die einzelnen Monatsmengen unbekannt, so würde man die größte Monatsmenge zu etwa 30% der Jahressumme = 169 mm annehmen können. In Wirklichkeit betrug aber die größte Monatssumme in Montdidier 163 mm (Juli 1847), die zweitgrößte 162 (Juli 1813) und die drittgrößte 152 (August 1850). Eine so große Übereinstimmung zwischen dem berechneten und beobachteten Maximalwert ist natürlich Zufall; es wird für die Praxis genügen, wenn man ihn bis auf 2—3 Prozent genau berechnen kann.

Ich mache nun noch einige weitere Angaben über den Wert der größten monatlichen Niederschlagsmenge nach Beobachtungen, die nicht gerade dem 55jährigen Zeitraum von 1851 bis 1905 angehören.

Auf den Orkney-Inseln, die nahe einer Hauptzugstraße der barometrischen Minima liegen und deshalb einen so kleinen Schwankungsquotienten (Q = 1.6, vergl. oben S. 48) haben, betrug in einer 67jährigen (kombinierten) Beobachtungsreihe das Monatsmaximum 209 mm oder 22 Prozent des Jahresmittels. Dagegen wächst es in Klagenfurt in einer 88jährigen Reihe zu 323 mm = 33 Prozent und in Catania schon in einer 40jährigen Reihe zu 397 mm = 71 Proz. an. Letzterer Ort, der trocken ist (560 mm Jahresmenge) und im Lee des Ätna liegt, neigt sehr zu exzessiven Monatsmengen, da die nächstgrößeren 322, 311, 294 mm betrugen.

Auch in Norwegen sind die größten monatlichen Niederschlagsmengen an der regenreichen Westküste, wenigstens in der südlichen Hälfte, relativ kleiner als im trockenen Innern des Landes, das im Lee liegt. Aus der auf S. 23 erwähnten Veröffentlichung habe ich folgende Zahlen ableiten können, denen auch die kleinsten Monatsmengen hinzugefügt sind, auf die ich später zurückkommen werde:

[1]) Observations météorologiques de Victor et Camille Chandon de Montdidier, par H. Duchaussoy. Amiens 1902. 8°. Tome II, ebenda 1904. 8°.

	Mittlere Jahresmenge mm	Größte Monatsmenge mm	%	Kleinste Monatsmenge mm
Rörös (36 J.)	431	201	47	0
Eidsvold (37)	759	312	41	2
Kristiania (40)	592	279	47	1
Mandal (40)	1339	448	33	1
Skudenes (40)	1158	312	27	1
Bergen (40)	1916	502	26	8
Ullensvang (36)	1297	454	35	4
Sognedal (36)	1297	330	25	4
Florö (38)	2050	487	24	5
Brönnö (38)	897	246	27	1
Kristiansund (36)	1097	388	35	5
Bodö (38)	905	314	34	0
Tromsö (35)	1017	292	28	1
Alten (36)	303	161	53	0 öfters
(zweithöchster Wert)		117	38	
Sydvaranger (36)	351	132	38	0

Für praktische Zwecke würde es also ausreichen, an der Küste Norwegens bis etwa zum Polarkreis mit einem Monatsmaximum des Regenfalls von rund 30 Prozent der Jahresmenge zu rechnen, während man im Innern des Kristianiafjords, weiter nordwärts im eigentlichen Innern des Landes sowie im höchsten Norden diesen Betrag auf mindestens 40 Prozent ansetzen muß.

In der nördlichen Osthälfte der Vereinigten Staaten Nordamerikas, wo der Schwankungsquotient Q klein ist, scheint auch die größte Monatsmenge relativ kleine Werte zu haben, wofür ich wegen Mangels an geeignetem Material in den Veröffentlichungen allerdings nur wenige Beispiele anführen kann: Boston 24, Philadelphia 40, Baltimore 25, Washington 30, Charleston 39 Prozent. In Key West auf Florida steigt der Prozentsatz aber auf 52, im trockenen Kalifornien auf noch höhere Werte: Sacramento 75, Yuma 89, San Diego 93, ja in San Francisco auf 106 Prozent, d. h. die größte Monatsmenge hat um 6 Prozent die mittlere Jahresmenge übertroffen. Das ist indessen nur ein Ausnahmefall; denn in der zu Grunde liegenden 56jährigen Beobachtungsreihe betrug die zweitgrößte Monatsmenge nur 66 Prozent[1]).

Die folgenden Beispiele aus Südamerika und Asien, namentlich aber aus dem indischen Monsungebiet, zeigen uns wieder die denkbar größten Gegensätze:

	Mittl. Jahresmenge mm	Größte Monatsmenge mm	Größte Monatsmenge Proz. d. Jahresmenge
Rio de Janeiro (55 J.)	1109	455	41
Baku (50)	233	168	72
Nertschinsk (50)	395	285	72

[1]) The climate of San Francisco, California, by Alex. G. Mc Adie and George H. Wilson. Washington 1899. 8°; ergänzt durch: Climatology of California, by Alex. G. Mc Adie. Washington 1906. 4°.

	Mittl. Jahresmenge	Größte Monatsmenge	
	mm	mm	Proz. d. Jahresmenge
Peking (36)	639	825 (Juli 1890) 631 („ 1883)	129 100
Manila (38)	1938	1470	76
Batavia (42)	1801	821	46
Moulmein (51)	4771	1834	38
Akyab (44)	4958	2479	50
Calcutta (72)	1650	803	49
Cherrapoonjee (43)	11633	9298 (Juli 1861) 5293	80 45
Madras (88)	1243	958 851	77 68
Cochin (45)	2378	1258	44
Mahabaleshvar (45)	6795	4892 4616	72 68
Bombay (84)	1879	1340 1285	71 69
Nagar (38)	406	680	167
Mooltan (39)	181	293	162
Dera Ghazi Khan (39)	162	239	148
Hyderabad (38)	195	300	154

Wie exzessiv die Sommerregen in Ostasien auftreten können, zeigt Peking, doch kommen im Gebiet der indischen Monsunregen noch weit stärkere Gegensätze zwischen der mittleren Jahresmenge und der größten Monatsmenge ein und desselben Ortes vor. Im Trockengebiet Nordwestindiens (Pandschab, Wüste Tharr) ist es öfters vorgekommen, daß die mittlere Jahresmenge des Regenfalls durch die eines einzigen Monats übertroffen wurde, ja in der auf dem Plateau von Dekkan liegenden trockenen Landschaft Hyderabad scheinen die Verhältnisse noch ungünstiger zu sein. Im Hauptort gleichen Namens war nach 38 jährigen Aufzeichnungen die größte Monatsssumme 8 mal höher als das Jahresmittel! Unter solchen Bedingungen hat natürlich der arithmetische Mittelwert noch viel weniger Bedeutung als sonst. Wenn man sich die Regentabelle von Hyderabad (Ind. Met. Mem., vol. XIV, S. 440) genauer ansieht, bemerkt man, wie weitaus die meisten Jahre selbst in den Monaten des Südwestmonsuns durchaus ungenügenden Regenfall hatten, bis auf einige wenige, die relativ große Mengen brachten. Geht man aber auch auf die Regenfälle der einzelnen Tage zurück (Indian Rainfall), so findet man, daß die ganze Monatsmenge oft in wenigen Tagen, ja bisweilen sogar an einem Tage herabgestürzt ist. Sie hat infolgedessen natürlich mehr Schaden als Nutzen gestiftet, und man versteht, warum gerade die Landschaft Hyderabad so häufig unter Hungersnot zu leiden hat.

Die regenreiche Küste Hinterindiens einschließlich des weniger nassen Nieder-Bengalens weist relativ kleine Monatsmengen auf; denn das absolute Monatsmaximum in Cherrapoonjee darf als ein Ausnahmefall betrachtet werden.

Die **kleinste Monatsmenge** des Niederschlags kann theoretisch überall Null werden, doch gibt es viele Stationen Nord- und Mitteleuropas, an denen sie in den 55 Jahren 1851—1905 auf diesen Wert nicht herabgesunken ist. Dagegen gehört die **Regenlosigkeit** eines oder mehrerer Sommermonate in jedem Jahre ganz wesentlich zur Charakteristik der subtropischen Regen im mittleren und südlichen Teil des Mediterrangebiets. Die in Tabelle 13 enthaltenen Werte für die Wahrscheinlichkeit eines regenlosen Monats liefert daher eine wichtige Ergänzung zu denen der jährlichen Periode in den Tabellen 1, 2 und 2a.

Das Extrem in dieser Beziehung bietet uns Südspanien (San Fernando), wo durchschnittlich zwei Monate im Jahre ohne Regen bleiben und der Juli sogar in 10 Jahren 8 mal regenlos ist. In Lissabon und Palermo kommen solche Monate schon viel seltener vor.

Tabelle 13. Wahrscheinlichkeit eines regenlosen Monats, ausgedrückt in Prozenten (1851—1905).

	Januar	Febr.	März	April	Mai	Juni	Juli	August	Septbr.	Oktbr.	Novbr.	Dezbr.	Häufigkeit in 100 Jahren
San Fernando	1.8	5.5	1.8	—	5.4	23.6	80.0	63.6	10.9	1.8	5.5	—	200.0
Lissabon	—	—	—	—	—	7.3	27.3	23.6	1.8	—	1.8	—	61.8
Madrid[1])	1.9	9.6	—	1.9	—	1.9	21.2	13.5	3.8	1.9	—	—	55.8
Perpignan	3.6	1.8	—	—	—	5.5	1.8	5.5	3.6	—	1.8	—	23.7
Dijon	—	—	—	—	1.8	—	—	—	3.6	—	—	1.8	7.3
Pouilly-en-Auxois	—	—	—	1.8	—	—	—	—	1.8	—	—	—	3.6
Paris	—	—	—	1.8	—	—	—	—	1.8	—	—	—	3.6
Bar-le-Duc	—	—	—	1.8	—	—	—	—	1.8	—	—	1.8	5.5
Greenwich	—	—	—	—	—	—	—	—	—	—	—	—	—
Stonyhurst	—	—	—	—	—	—	—	—	—	—	—	—	—
Seathwaite	—	—	—	—	—	—	—	—	—	—	—	—	—
Edinburgh	—	—	—	—	—	—	—	—	—	—	—	—	—
Rothesay	—	—	—	—	—	—	—	—	—	—	—	—	—
Culloden	—	—	—	—	—	—	—	—	—	—	—	—	—
Brüssel	—	—	—	1.8	—	—	—	—	—	—	—	—	1.8
Gütersloh	—	—	—	—	—	—	—	—	—	—	—	—	—
Berlin	—	—	—	—	—	—	—	—	—	—	—	—	—
Königsberg i. Pr.	—	—	—	—	—	—	—	—	—	—	—	—	—
Görlitz	—	—	—	—	—	—	—	—	—	—	—	—	—
Trier	—	—	—	1.8	—	—	—	—	—	—	—	—	1.8
Stuttgart	—	—	—	1.8	—	—	—	—	—	—	—	—	1.8
Genf	1.8	1.8	—	—	—	—	—	—	1.8	—	—	—	5.5
Gr. St. Bernhard	1.8	7.3	—	—	—	—	—	—	3.6	—	1.8	1.8	16.4
Modena	—	—	—	—	—	—	3.6	—	3.6	—	—	1.8	9.1
Genua	—	—	—	—	—	—	3.6	1.8	—	—	—	—	5.5
Rom	—	3.6	1.8	—	—	3.6	23.6	9.1	—	—	—	—	41.8
Neapel	1.8	—	—	—	1.8	1.8	20.0	5.5	1.8	—	—	—	32.7
Palermo	—	—	—	—	—	9.1	36.4	21.8	—	—	—	—	67.3
Triest	3.6	9.1	1.8	—	—	—	—	—	—	—	—	1.8	16.4
Wien	—	—	—	—	—	—	—	—	—	—	—	—	—
Hermannstadt	—	—	—	—	—	—	—	—	—	—	—	—	—
Kopenhagen	—	—	—	—	—	—	—	—	—	—	—	—	—
Upsala	—	—	—	—	—	—	—	—	—	—	—	—	—
Helsingfors	—	—	—	—	—	—	—	—	—	—	—	—	—
St. Petersburg	—	—	—	—	—	—	—	—	—	—	—	—	—
Warschau	—	—	—	—	—	—	—	—	—	—	—	—	—
Moskau[2])	—	—	2.0	—	—	—	—	—	—	—	—	—	2.0
Lugan	—	—	—	—	—	—	—	—	1.8	1.8	—	—	3.6
Tiflis	3.6	5.5	—	—	—	—	—	—	1.8	—	3.6	—	14.5
Katharinenburg	—	3.6	3.6	3.6	—	—	—	—	1.8	—	—	—	12.7

[1]) Seit Dezember 1853. [2]) Seit Mai 1853, außer 1859.

Beachtenswert erscheint mir, daß Rom mehr regenlose Monate als Neapel hat und daß diese auch auf dem Gr. St. Bernhard häufiger als in Genf und in Oberitalien (Modena, Genua) sind.

Während im Mittelmeergebiet die regenlosen Monate in überwiegender Mehrzahl dem Sommer angehören, kommen sie in Tiflis, Triest, auf dem Gr. St. Bernhard und im kontinentalen Katharinenburg vorzugsweise in der kalten Jahreshälfte vor. In Mitteleuropa (Zentralfrankreich, Belgien, Deutschland) sind es aber die Monate April und September, die am ehesten ohne Regen bleiben.

Wenn auch viele der in Tabelle 13 aufgeführten Stationen in den Jahren 1851—1905 keinen regenlosen Monat aufzuweisen hatten, so ist es doch nicht ausgeschlossen, daß ein solcher später einmal vorkommt oder früher schon vorgekommen ist, wie für Rothesay und St. Petersburg ohne weiteres aus Tabelle 8 auf S. 44 hervorgeht. Und wenn auch in Greenwich während der 91 Jahre von 1815—1905 die kleinste Monatsmenge nicht unter 1 mm herabgegangen ist, so darf nicht vergessen werden, daß im April 1893 viele Stationen der Nachbarschaft keinen meßbaren Niederschlag hatten. Dieser Monat war in weiten Gebieten West- und Mitteleuropas absolut trocken[1]).

Dagegen dürfte es auf den Britischen Inseln und an der norwegischen Küste regenreiche Orte geben, an denen niemals ein Monat ohne Niederschlag vorkommen wird. In Seathwaite betrug beispielsweise die kleinste Monatssumme 15 mm im Mai 1895 und September 1894; vgl. auch die oben auf S. 65 gemachten Angaben für Norwegen.

Schließlich muß noch darauf hingewiesen werden, daß Trockenperioden von der Länge eines Monats häufiger vorkommen als niederschlagslose Kalendermonate; sie reichen gewöhnlich von einem Monat in den anderen hinein und fallen nur äußerst selten gerade mit einem Kalendermonat zusammen[2]).

Da für viele kulturelle Zwecke ein sehr trockener Monat, dessen Niederschlagsmenge höchstens 5 mm beträgt, beinahe ebenso verderblich werden kann, wie ein ganz niederschlagsloser, habe ich in Tabelle 14 auch deren Häufigkeit angegeben. Mit Ausnahme der drei eng-

---

[1]) Die Trockenperiode des Frühjahrs 1893, die in die Monate März, April und Mai fiel, war eine der räumlich ausgedehntesten während der letzten fünfzig Jahre. Sie trat in Mittel- und Süddeutschland, Ost- und Zentralfrankreich am intensivsten auf, war aber auch noch in Südengland von ungewöhnlicher Dauer. So fiel in Brighton vom 17. März bis zum 15. April (30 Tage) kein Tropfen Regen, am 16. April 1.5 mm, und von da ab bis zum 14. Mai einschl. (28 Tage) war wieder absolute Regenlosigkeit, so daß also 59 Tage nur einen Regenschauer von 1.5 mm hatten.

Näheres über diese denkwürdige Dürreperiode findet man in: G. Hellmann, Die Dürreperiode im Frühjahr 1893 (Ergebnisse der Niederschlags-Beobachtungen im Jahre 1893, S. XI—XXV); L. Meyer, Die meteorologischen Ursachen der Futternot in Württemberg im Jahre 1893 (Württemb. Jahrb. f. Statistik u. Landeskunde 1893, S. 316—324); G. J. Symons, The Spring Drought of 1893. London 1893. 8°. (Journ. R. Agricult. Soc. of England, vol. IV, 3d ser., pt. II); A. Lancaster, La sécheresse du printemps de 1893 (Ciel et Terre, Bd. XIV, S. 129—140).

Zum Verständnis dieser ungewöhnlich intensiven und weitverbreiteten Trockenperiode ziehe man die »Täglichen Synoptischen Wetterkarten« zu Rate, die vom Dänischen Meteorologischen Institut und der Deutschen Seewarte herausgegeben werden. Schon im März zeigt die mittlere Luftdruckverteilung ein ausgedehntes Hochdruckgebiet über West- und Mitteleuropa mit einem Kern von 766 mm über Nordfrankreich und Südwestdeutschland. Im April hat sich dieses Maximalgebiet etwas nach Norden verschoben, es reicht von Irland über Mittelengland bis nach Nordwestdeutschland, und im Mai besteht ein kleiner Kern noch im östlichen England, wo der Luftdruck 764 mm beträgt.

[2]) Nach der oben angeführten Arbeit von G. J. Symons über die Dürre des Frühjahrs 1893 in England gab es von 1815—1869 in Greenwich 6 Dürreperioden von mindestens 30 Tagen Länge, aber keine einzige von ihnen fiel mit einem Kalendermonat zusammen.

Tabelle 14. Wahrscheinlichkeit eines sehr trockenen Monats (0—5 mm), ausgedrückt in Prozenten (1851—1905).

	Januar	Febr.	März	April	Mai	Juni	Juli	August	Septbr.	Oktbr.	Novbr.	Dezbr.	Häufigkeit in 100 Jahren
San Fernando . . .	1.8	12.7	1.8	1.8	10.9	47.3	94.5	81.8	25.5	3.6	9.1	5.5	296.4
Lissabon	1.8	5.5	1.8	—	5.5	30.9	80.0	61.8	10.9	1.8	3.6	1.8	205.5
Madrid[1])	13.5	15.4	9.6	13.5	1.9	9.6	51.9	36.5	19.2	5.8	9.6	11.3	198.1
Perpignan	10.9	20.0	7.3	5.5	5.5	9.1	18.2	20.0	9.1	7.3	18.2	14.5	145.6
Dijon	3.6	10.9	3.6	1.8	1.8	1.8	—	—	5.5	—	—	1.8	30.9
Pouilly-en-Auxois .	1.8	1.8	3.6	3.6	—	1.8	—	—	5.5	—	—	1.8	20.0
Paris	—	9.1	3.6	3.6	3.6	1.8	—	—	1.8	—	—	1.8	25.5
Bar-le-Duc	—	5.5	1.8	5.5	1.8	—	—	—	5.5	—	1.8	1.8	23.7
Greenwich	—	3.6	1.8	3.6	—	1.8	—	—	1.8	—	—	—	12.7
Stonyhurst	—	—	—	—	—	—	—	—	—	—	—	—	—
Seathwaite	—	—	—	—	—	—	—	—	—	—	—	—	—
Edinburgh	—	3.6	—	1.8	1.8	—	—	—	—	—	—	—	7.3
Rothesay	—	—	—	3.6	—	—	1.8	—	1.8	—	—	—	7.3
Culloden	—	—	—	—	—	—	—	—	—	—	—	—	—
Brüssel	—	3.6	1.8	1.8	—	—	1.8	—	1.8	—	—	—	10.9
Gütersloh	—	3.6	—	1.8	—	—	—	—	—	1.8	—	3.6	10.9
Berlin	—	—	1.8	7.3	—	—	—	—	—	1.8	3.6	1.8	16.4
Königsberg i. Pr. .	—	5.5	—	—	—	—	—	—	—	1.8	1.8	1.8	10.9
Görlitz	—	3.6	—	—	—	—	—	—	1.8	3.6	1.8	3.6	14.5
Trier	1.8	5.5	—	3.6	3.6	—	—	—	5.5	—	1.8	—	21.8
Stuttgart	1.8	5.5	—	3.6	—	—	—	—	3.6	3.6	—	5.5	23.7
Genf	5.5	10.9	7.3	—	—	1.8	1.8	—	3.6	1.8	—	3.6	36.4
Gr. St. Bernhard . .	3.6	10.9	—	—	—	—	1.8	1.8	5.5	—	1.8	3.6	29.1
Modena	7.3	14.5	7.3	—	1.8	—	16.4	7.3	7.3	1.8	1.8	9.1	74.5
Genua	1.8	5.5	1.8	—	1.8	3.6	18.2	12.7	3.6	1.8	—	3.6	54.5
Rom	—	5.5	1.8	3.6	7.3	12.7	38.2	25.5	1.8	—	—	3.6	100.0
Neapel	1.8	9.1	—	3.6	5.5	14.5	38.2	20.0	3.6	—	—	3.6	98.2
Palermo	—	—	—	—	16.4	45.5	65.5	43.6	9.1	1.8	—	—	182.0
Triest	9.1	18.2	3.6	—	—	—	—	—	1.8	—	1.8	3.6	38.2
Wien	10.9	3.6	—	5.5	—	—	—	—	—	—	1.8	1.8	23.6
Hermannstadt . . .	5.5	3.6	1.8	—	—	—	—	—	3.6	—	3.6	7.3	25.5
Kopenhagen	1.8	3.6	3.6	1.8	—	1.8	1.8	—	—	—	1.8	5.5	21.8
Upsala	—	3.6	1.8	3.6	—	—	1.8	1.8	—	—	1.8	—	14.5
Helsingfors	—	1.8	—	—	1.8	3.6	1.8	—	—	—	—	—	9.1
St. Petersburg . . .	3.6	1.8	3.6	—	—	1.8	—	1.8	1.8	—	1.8	1.8	18.2
Warschau	—	3.6	1.8	1.8	—	—	—	—	—	3.6	1.8	—	12.7
Msokau[2])	—	3.9	2.0	2.0	—	—	—	—	1.9	1.9	1.9	1.9	15.7
Lugan	9.1	16.4	10.9	7.3	3.6	—	3.6	14.5	12.7	9.1	5.5	5.5	98.3
Tiflis	20.0	14.5	7.3	—	—	1.8	7.3	10.9	7.3	5.5	14.5	12.7	101.8
Katharinenburg . .	36.4	45.5	40.0	23.6	1.8	—	—	—	1.8	9.1	16.4	27.3	201.8

lischen Stationen Stonyhurst, Seathwaite und Culloden kommen sie überall vor. Ihre jährliche Periode ist ungefähr dieselbe, wie die der regenlosen Monate, doch tritt bei ihnen in Mitteleuropa die kalte Jahreszeit mehr in den Vordergrund. Das niederschlagsarme Katharinenburg mit seinen ausgesprochenen Sommerregen hat in jedem Winter durchschnittlich sogar zwei solche trockene Monate.

Wie bei den Jahresmengen ist auch bei den Monatsmengen ermittelt worden, welche **größte und kleinste Summe des Niederschlags in zwei** bezw. **drei aufeinanderfolgenden Monaten** vorgekommen ist (Tabelle 15), und zwar wurden die Maximalwerte in

[1]) Seit Dezember 1853. [2]) Seit Mai 1853, außer 1859.

Tabelle 15. Die größte und kleinste Niederschlagssumme von 2 und 3 aufeinanderfolgenden Monaten innerhalb der Periode von 1851—1905, ausgedrückt in Millimetern und in Prozenten der fünfzigjährigen Mittelwerte (1851—1900).

	Größte Summe von 2 Monaten				Größte Summe von 3 Monaten				Kleinste Summe von 2 Monaten			Kleinste Summe von 3 Monaten		
	Millimeter	Prozente der zugehör. mittl. Monatsmengen	Prozente der mittl. Jahresmenge	Monate	Millimeter	Prozente der zugehör. mittl. Monatsmengen	Prozente der mittl. Jahresmenge	Monate	Millimeter	Proz. der zugehör. mittl. Monatsmengen	Monate	Millimeter	Proz. der zugehör. mittl. Monatsmengen	Monate
San Fernando	504	256	71	XII. 55. I. 56	676	221	95	XI. 55–I. 56	0	0	öfters	0	0	öfters
Lissabon	649	326	88	XI. XII. 76	840	294	113	X.–XII. 76	0	0	öfters	1	4	VI.–VIII. 51
Madrid[1])	271	327	66	IX. X. 55	295	231	71	IX.–XI. 55	0	0	öfters	5	6	V.–VII. 79
Perpignan	419	401	77	IX. X. 76	432	272	79	X.–XII. 64	1	2	VII. VIII. 98	19	12	XI. 76–I. 77
Dijon	368	260	54	X. XI. 72	462	240	68	X.–XII. 72	12	15[3])	I. II. 96	22	15	III.–V. 93
Pouilly-en-Auxois	408	321	53	IV. V. 56	460	222	59	IV.–VI. 56	16	14	III. IV. 93	40	22	III.–V. 93
Paris	299	282	56	VI. VII. 54	379	244	71	V.–VII. 54	7	9	III. IV. 93	25	24	II.–IV. 75
Bar-le-Duc	432	247	47	VI. VII. 63	530	199	58	X.–XII. 72	5	3	XI. XII. 53	36	19	III.–V. 93
Greenwich	296	236	48	IX. X. 80	410	239	67	VI.–VIII. 03	14	18	III. IV. 93	27	22	III.–V. 93
Stonyhurst	443	179	37	IX. X. 70	590	157	49	VIII.–X. 03	21	14	III. IV. 52	74	28	V.–VII. 68
Seathwaite	1421	176	41	XII. 52. I. 53	1865	162	54	XI. 52–I. 53	44	10	III. IV. 52	262	44	V.–VII. 59
Edinburgh	328	223	49	VII. VIII. 77	394	231	59	XI. 76–I. 77	16	16	I. II. 91	50	36	I.–III. 89
Rothesay	452	185	37	XI. XII. 77	639	174	52	X.–XII. 77	43	19	I. II. 55	89	40	IV.–VI. 73
Culloden	285	217	45	VIII. IX. 63	342	178	54	VIII.–X. 63	14	19	III. IV. 52	29	26	III.–V. 52
Brüssel	313	224	43	VI. VII. 88	380	178	52	VI.–VIII. 88	12	13	III. IV. 93	34	22	III.–V. 93
Gütersloh	293	179	40	VI. VII. 80	383	162	53	VI.–VIII. 82	17	17	I. II. 87	48	34	II.–IV. 58
Berlin	326	243	56	VII. VIII. 58	410	215	71	V.–VII. 58	16	20[4])	III. IV. 81	27	23	II.–IV. 83
Königsberg i. Pr.	304	190	48	VIII. IX. 76	452	192	71	VII.–IX. 85	14	21	II. III. 58	26	27	II.–IV. 58
Görlitz	370	216	56	VII. VIII. 58	392	160	59	VI.–VIII. 58	16	19	XI. XII. 64	45	35[5])	X.–XII. 64
Trier	273	208	40	V. VI. 59	392	222	58	IV.–VI. 56	13	14	I. II. 87	38	26	XII. 90–II. 91
Stuttgart	327	272[6])	51	VIII. IX. 51	464	233	72	VII.–IX. 51	15	20	II. III. 90	34	28	XI. 53–I. 54
Genf	418	210	49	IX. X. 96	566	197	67	VIII.–X. 52	8	9[7])	I. II. 96	29	21	X.–XII. 64
Gr. St. Bernhard	587	226	49	IX. X. 82	782	214	65	VIII.–X. 63	13	8	XII. 73. I. 74	29	13	XII. 73–II. 74
Modena	393	267	57	IX. X. 01	486	219	71	IX.–XI. 62	4	4	VIII. IX. 95	19	13	VI.–VIII. 79
Genua	1202	303	92	X. XI. 72	1848	354	142	X.–XII. 72	3	1	II. III. 54	11	7	VI.–VIII. 79
Rom	586	230	69	X. XI. 00	710	203	83	X.–XII. 78	0	0	öfters	2	2	VI.–VIII. 79
Neapel	467	198	55	X. XI. 51	563	170	66	XI. 70–I. 71	1	2	VII. VIII. 79	2	3	VI.–VIII. 79
Palermo	499	261	75	XII. 94. I. 95	582	206	87	X.–XII. 96	0	0	öfters	0	0	VI.–VIII. 79
Triest	517	192	47	IX. X. 52	709	198	65	VIII.–X. 85	0	0	II. III. 75	26	14	I.–III. 75
Wien	285	202	46	VI. VII. 97	382	179	61	V.–VII. 97	7	7	III. IV. 56	27	24	XII. 93–II. 94
Hermannstadt	631	491	93	VIII. IX. 51	786	261	116	VI.–VIII. 51	6	12	I. II. 82	14	16	I.–III. 82
Kopenhagen	267	205	48	VII. VIII. 91	336	187	60	VI.–VIII. 91	10	11	V. VI. 68	18	12	V.–VII. 68
Upsala	309	219	57	VII. VIII. 98	367	192	68	VI.–VIII. 98	13	23	II. III. 58	24	27	I.–III. 58
Helsingfors	319	233	53	VII. VIII. 83	406	204	67	VII.–IX. 83	5	5	VI. VII. 55	47	26	VI.–VIII. 68
St. Petersburg	303	213	56	VII. VIII. 69	376	196	69	VI.–VIII. 69	10	22	II. III. 86	27	38	II.–IV. 86
Warschau	324	221	57	VI. VII. 53	385	177	67	VI.–VIII. 82	15	22	XII. 81. I. 82	37	37	XII. 89–II. 90
Moskau[2])	300	233	55	VIII. IX. 85	355	177	65	VII.–IX. 72	5	6	XI. XII. 58	30	35	I.–III. 57
Lugan	247	285	62	VII. VIII. 57	317	228	80	VI.–VIII. 03	7	16[8])	II. III. 61	13	19	XII. 81–II. 82
Tiflis	293	221	60	IV. V. 78	427	214	88	IV.–VI. 78	1	2	XI. XII. 82	14	21	XI. 65–I. 66
Katharinenburg	282	201	75	VI. VII. 77	349	173	93	VI.–VIII. 00	0	0	III. IV. 04	3	12	I.–III. 52

1) Seit Dezember 1853. 2) Seit Mai 1853, außer 1859. 3) Auch 13% III. IV. 93. 4) Auch 20% II. III. 83.
5) Auch 35% II.–IV. 58. 6) Auch 224% VII. VIII. 51. 7) Auch 9% II. III. 54. 8) Auch 16% II. III. 05.

Prozenten sowohl der zugehörigen Monatsmittel als auch der mittleren Jahressumme ausgedrückt. Beispielsweise war der Höchstwert zweier Monate in Culloden 285 mm im August und September 1863, d. h. er betrug 217 % von der Summe der beiden Mittelwerte dieser Monate und 45 % von der mittleren jährlichen Niederschlagsmenge. Die Diskussion der Tabelle 15 lehrt folgendes:

1. Im allgemeinen übertrifft die Maximalsumme des Niederschlags zweier aufeinanderfolgender Monate die Summe der zugehörigen Mittelwerte beinahe um ebenso viel wie diejenige eines einzigen Monats dessen Mittel übertrifft, d. h. um das zwei- bis dreifache.

Ausnahmen finden sich wieder bei Perpignan (401 %) und Hermannstadt (491 %), während die regenreichen Orte, wie Stonyhurst (179 %), Seathwaite (176 %), Rothesay (185 %) sehr niedrige Werte aufweisen.

2. Bei drei aufeinanderfolgenden Monaten beträgt die Maximalmenge durchschnittlich nur noch 160—250 % von der Summe der drei zugehörigen Monatsmittel.

Im Gebiet der mediterranen Winterregen kommen jedoch höhere Prozentsätze vor: Lissabon 294, Perpignan 272 und Genua sogar 354 %, also an letzterem Ort relativ mehr als in zwei Monaten (303), was offenbar eine seltene Ausnahme bedeutet.

3. Die praktisch leichter verwertbaren Beziehungen zur mittleren Jahresmenge sind folgende: in den Gebieten mit stark ausgeprägter jährlicher Periode des Niederschlags, in denen also mehrere Monate mit reichlichem Niederschlag unmittelbar aufeinander folgen, kann die relative Maximalsumme in zwei bezw. drei Monaten naturgemäß erheblich größer ausfallen als in denen mit gleichmäßigerer Niederschlagsverteilung auf das ganze Jahr. So können auf den Britischen Inseln, in Belgien und Westdeutschland die Maximalmengen zweier aufeinanderfolgender Monate etwa nur 40—50 % der jeweiligen mittleren Jahresmenge erreichen, während weiter östlich im Gebiet der kontinentalen Sommerregen dieser Betrag auf 55—65, in Katharinenburg aber auf 75 % steigt. Ebenso darf dieser Prozentsatz im Mediterrangebiet, abgesehen von vereinzelten Ausnahmen, zu 60—80 % angenommen werden.

Bei den Höchstwerten dreier aufeinanderfolgender Monate wachsen diese Prozentsätze um etwa 10—20, und zwar im allgemeinen um so mehr, je ausgesprochener die Jahresperiode ist. Die hohen Werte für Lissabon (113 %), Hermannstadt (116 %) und Genua (142 %) müssen als Ausnahmefälle angesehen werden.

4. Die kleinste Summe des Niederschlags zweier aufeinanderfolgender Monate geht nur im eigentlichen Gebiet der subtropischen Regen mit trockenem Sommer, sowie in dem der ausgesprochenen kontinentalen Sommerregen im östlichsten Europa bis auf Null herab. Dort sind es, wie Tabelle 13 lehrt, zwei Sommermonate, hier zwei Wintermonate, die niederschlagslos verlaufen können.

Die Regenlosigkeit zweier aufeinanderfolgender Monate ist einmal auch in Triest vorgekommen, aber nicht im Sommer, wie man vermuten könnte, sondern im Februar und März.

Daß drei Kalendermonate hintereinander ohne Niederschlag bleiben, gehört auch im südlichen Mittelmeergebiet zu den Seltenheiten; in Palermo hat es sich einmal und in San Fernando sechsmal in 55 Jahren ereignet[1]).

5. Auf den Britischen Inseln, in Ostfrankreich, Belgien und Deutschland beträgt die kleinste. Niederschlagsmenge zweier aufeinander folgender Monate etwa 14—20% von der Summe der zugehörigen beiden Mittelwerte. Nach Süden, nach dem Mediterrangebiet zu, wird dieser Prozentsatz allmählich kleiner: Paris und Genf 9, Wien 7, Modena 4%.

Ausnahmsweise niedrige Werte haben Bar-le-Duc (3%), Helsingfors (5%), Moskau (6%).

Drei Monate hintereinander können so trocken sein, daß in West-, Mittel- und Nordeuropa ungefähr nur 20—35% (an regenreichen Orten bis 45%) von der normalen Menge der betreffenden drei Monate fallen.

In der Richtung nach Süden nimmt der Prozentsatz wieder ab: Dijon 15, Triest 14, Modena 13, Perpignan 12, Madrid 6, Lissabon 4, Neapel 3, Palermo und San Fernando 0%.

Auch in den Gebieten mit geringen Winterniederschlägen, wie in Katharinenburg, sind in den drei trockensten Monaten nur 12% gefallen.

Kopenhagen mit 11% erscheint als eine Ausnahme.

---

[1]) Da die sommerliche Trockenzeit in San Fernando durchschnittlich gegen die Mitte des Monats Juni ihren Anfang nimmt, eignen sich Kalendermonate wenig zur Bestimmung ihrer Dauer. Ihren wirklichen Verlauf und ihre Dauer läßt die folgende Zusammenstellung erkennen. Darnach beginnt im Mittel von 36 Jahren die Trockenzeit am 10. Juni und dauert 83 Tage, wenn nur die in sich geschlossenen längsten trockenen Perioden gerechnet werden, während die durchschnittliche Dauer auf 93 Tage anwächst, falls alle trockenen Perioden mitgerechnet werden.

Sommerliche Trockenzeit in San Fernando in den Jahren 1870 bis 1905.

Jahr	Dauer der Trockenzeit		Unterbrechung der Trockenzeit
	Datum	Tage	
1870	30. V.-17. VIII.	80	
1871	16. VI.-26. VII.	41	27. VII. = 5.1 mm.
	28. VII.-2. IX.	37	
1872	19. VI.-16. IX.	90	
1873	11. VI.-3. X.	115	
1874	26. V.-23. VIII.	90	
1875	3. VI.-8. X.	128	6. VII., 24. VII., 17. IX. = je 0.1 mm.
1876	31. V.-8. VIII.	70	24. VI. = 0.1, 9. VIII. = 3.2,
	10. VIII.-18. IX.	40	12. VIII. = 0.1 mm.
1877	29. VI.-2. VIII.	35	17. VII. = 0.1 mm.
1878	13. V.-2. IX.	113	30. VII., 2. VIII. = je 0.2, 5. VIII.
1879	23. IV.-6. VI.	45	7. VI. = 6.9 mm. [= 0.1 mm.
	8. VI.-31. VIII.	85	
1880	22. VI.-24. VIII.	64	20. VIII. = 0.6, 25. VIII. = 1.7,
	26. VIII.-3. X.	39	2. IX. = 0.3, 8. IX. = 0.2 mm.
1881	26. V.-30. VI.	36	6. VI. = 0.4 mm.
	21. VII.-19. IX.	61	[8. VII. = 0.2 mm.
1882	25. V.-6. IX.	105	1. VI., 16. VI. = je 0.1, 7. VII. = 0.3,
1883	5. VI.-1. X.	119	22. VIII. = 0.6 mm.
1884	26. VI.-13. IX.	80	11. VII., 30. VIII. = je 0.2 mm.
1885	5. V.-27. VI.	54	17. VI. = 0.2, 28. VI. = 13.8,
	30. VI.-2. VII.	3	29. VI. = 4.3, 3. VII. = 2.5 mm.
	4. VII.-28. VIII.	56	

Jahr	Dauer der Trockenzeit		Unterbrechung der Trockenzeit
	Datum	Tage	
1886	10. VI.-13. IX.	96	
1887	19. VI.-17. IX.	91	
1888	25. VI.-31. VIII.	68	7. VII. = 0.3 mm.
1889	27. VI.-15. VIII.	50	
1890	25. V.-11. IX.	110	
1891	9. VI.-9. IX.	93	
1892	16. VI.-1. IX.	78	
1893	24. VI.-11. IX.	80	29. VIII. = 0.2 mm.
1894	28. VI.-6. X.	101	24. IX. = 0.4 mm.
1895	19. VI.-2. IX.	76	
1896	9. VI.-7. IX.	91	5. VIII. = 0.1 mm.
1897	26. VI.-6. X.	103	15. IX. = 0.3 mm.
1898	15. VI.-17. VII.	33	18. VII. = 1.8 mm.
	19. VII.-23. IX.	67	
1899	21. VI.-14. IX.	86	3. IX. = 0.1 mm.
1900	20. V.-15. IX.	119	11. VII. = 0.1, 25. VIII. = 0.8 mm.
1901	16. VI.-19. IX.	96	9. VII. = 0.2 mm.
1902	21. VI.-1. VII.	11	
	19. VII.-28. VIII.	41	
1903	20. VI.-19. IX.	92	
1904	21. VI.-17. IX.	89	14. VIII. = 0.3 mm.
1905	16. VI.-25. VII.	40	26. VII. = 0.1, 27. VII. = 1.5 mm.
	28. VII.-15. IX.	50	

Niederschlag und Sonnenflecken.

In den Schwankungen der Niederschlagsmenge von Jahr zu Jahr hat man seit langem Perioden zu finden geglaubt und insbesondere ist ein Zusammenhang mit der Häufigkeit der Sonnenflecken vielfach gesucht worden. Da die der vorliegenden Arbeit zugrunde liegenden Beobachtungen von 1851—1905 nahezu fünf Sonnenflecken-Cyklen umfassen und aus fast ganz Europa einige dreißig kritisch geprüfte Reihen zur Verfügung stehen, habe ich geglaubt, auch diese Frage einer näheren Untersuchung unterziehen zu sollen, zumal ein neuer Befund mir geeignet erscheint, weitere Klärung zu schaffen.

Bereits im Regenwerk, Bd. I, S. 335, habe ich darauf hingewiesen, daß der Zusammenhang zwischen Sonnenflecken und Niederschlagsmenge ein komplizierter sein und in verschiedenen Breiten auch verschieden auftreten muß, während z. B. die Einwirkungen der Sonnenflecken auf erdmagnetische Vorgänge, wie etwa die tägliche Amplitude der Deklination, überall unmittelbar in derselben Weise erfolgen. Statt dieser direkten Beeinflussung durch die Sonnenflecken tritt beim Regenfall eine teils kumulative, teils interferierende Wirkung ein, die ich mir in folgender Weise entstanden denke.

Nach den neuesten astrophysikalischen Anschauungen findet zur Zeit des Sonnenfleckenminimums eine größere Strahlung der Sonne als zur Zeit des Maximums statt. Diese vermehrte Strahlung wird hauptsächlich in der Äquatorialregion der Erde eine Steigerung der Temperatur, Verdunstung und Niederschlagsbildung herbeiführen, dadurch aber auch die Energie der gesamten Zirkulation der Atmosphäre erhöhen. Deren Wirkung kann aber in höheren Breiten naturgemäß erst später zur Geltung kommen, während andererseits die unmittelbare, gleichzeitige Beeinflussung der Niederschläge durch die Sonnenflecken in diesen Breiten erheblich schwächer sein wird als in niederen. Die in der Äquatorialregion und am Orte in höherer Breite empfangenen Impulse werden also, je nach dessen Lage, entweder eine kumulative, d. h. verstärkende oder eine interferierende, d. h. schwächende Wirkung ausüben. Es wäre daher sehr wohl denkbar, daß an dem einen Ort mit dem Maximum der Sonnenflecken ein Minimum des Regenfalls verbunden ist, während an dem anderen Ort das umgekehrte stattfindet.

Es läßt sich nun an unserem Materiale direkt nachweisen, daß in Westeuropa, das infolge seiner Lage am Ozean den Einwirkungen der allgemeinen Luftzirkulation am meisten ausgesetzt ist, eine Verschiebung der regenreichen und regenarmen Jahre von Süden nach Norden stattfindet. Dazu dienen am besten die auf S. 10 erwähnten Kurven, die auch zur Prüfung der Homogenität der Reihen benutzt wurden, sowie außer den in Tabelle 16 gegebenen Prozentwerten alles sonstige Material, das gelegentlich schon zur Erörterung anderer Fragen herbeigezogen wurde. Unter Maximum und Minimum wird im folgenden eine sehr große bezw. sehr kleine Jahresmenge des Niederschlags verstanden.

Das Jahr 1854 hatte in Algier ein Maximum; dieses tritt 1855 ein in: San Fernando (178 %), Lissabon (175), Madrid (144), Perpignan (147); 1856 in: Dijon (142), Pouilly-en-Auxois (138) und in Paris (119). Weiter nordwärts verschwindet das Maximum anscheinend ganz, zeigt sich aber wieder in Schottland (Edinburgh, Rothesay und Culloden).

Tabelle 16. Die jährlichen Niederschlagsmengen, ausgedrückt

Jahr	San Fernando	Lissabon	Madrid	Dijon	Pouilly-en-Auxois	Paris	Bar-le-Duc	Greenwich	Stonyhurst	Seathwaite	Edinburgh	Rothesay	Culloden	Brüssel	Gütersloh	Berlin	Königsberg i. Pr.	Görlitz	Trier	Stuttgart	Genf	Gr. St. Bernhard
1851	43*	67		92	89	96	80	98	93	103	86	98	60*	106	106	107	127	117	89	127	85	114
1852	64	105		121	108	121	121	141	120	115	119	107	106	124	114	116	94	**132**	122	106	121	101
1853	110	103		99	95	97	87	124	79	84	96	90	81	91	93	104	105	100	99	95	97	118
1854	65	62	73	104	107	**137**	94	79	94	106	79	106	93	100	118	108	112	118	125	94	77	86
1855	**178**	175	144	114	106	87	90	98	76	65*	77	72*	84	92	98	108	103	97	103	90	121	98
1856	100	119	82	142	**138**	119	103	97	89	78	108	88	105	109	98	81	100	91	123	107	122	93
1857	72	102	93	76	88	99	67*	88	84	86	94	90	88	63	67*	62*	59	65*	71	68	63*	49*
1858	117	128	56*	98	90	97	78	75	88	84	92	95	100	70	71	128	51*	100	81	87	86	57
1859	78	95	88	85	99	110	76	107	96	108	98	106	105	104	108	98	71	94	117	93	81	78
1860	90	97	73	144	132	130	119	132	104	105	126	101	86	111	112	126	88	95	124	96	123	127
1861	102	111	91	67	72	89	84	85	99	**134**	108	117	126	107	104	117	101	108	91	86	92	67
1862	97	113	97	89	94	100	101	109	110	125	128	124	99	93	106	112	75	96	95	93	89	80
1863	62	65	77	94	99	85	129	81	118	128	97	110	136	81	89	98	90	106	93	80	101	109
1864	155	129	123	77	80	74	84	68*	85	99	106	84	100	62*	84	94	109	74	68*	70	74	131
1865	120	133	126	81	90	99	79	119	82	86	89	86	100	92	72	88	76	82	94	59*	84	93
1866	122	86	119	126	131	128	136	127	**132**	132	103	122	105	109	114	117	95	83	126	95	118	104
1867	131	90	90	108	107	109	97	118	96	98	117	93	106	112	128	111	131	110	126	111	108	89
1868	133	91	82	100	97	101	102	104	96	116	108	119	127	98	102	103	96	91	109	100	96	104
1869	79	65	63	76	79	92	96	100	116	110	84	100	103	112	103	105	95	107	94	98	74	84
1870	134	86	82	55*	60*	77	90	77	97	89	84	79	71	93	103	122	67	95	91	107	86	77
1871	174	124	102	80	82	97	90	93	94	85	101	102	83	88	100	98	100	81	101	75	76	64
1872	164	125	94	**149**	123	128	130	124	129	**134**	**147**	**146**	128	125	112	88	101	93	124	89	134	110
1873	102	94	82	105	97	111	97	97	101	108	107	104	114	88	88	85	86	87	82	82	84	77
1874	92	59*	80	78	82	83	85	83	109	109	97	95	102	86	78	74	87	84	80	101	77	72
1875	94	63	70	96	104	93	107	116	95	87	92	84	94	93	109	108	85	117	103	109	104	121
1876	89	155	96	104	105	101	109	100	101	84	134	105	103	113	123	110	115	89	99	100	109	133
1877	62	109	105	114	118	122	119	113	128	133	135	142	133	131	119	109	98	106	129	132	112	97
1878	63	101	81	106	108	119	**139**	120	97	82	93	89	94	**144**	107	96	113	115	103	**136**	128	115
1879	119	101	95	125	115	88	121	130	90	81	107	105	102	97	113	99	98	104	99	104	95	108
1880	83	89	111	122	109	99	113	123	107	88	94	80	94	120	**132**	101	130	126	109	124	103	122
1881	167	124	112	91	90	95	90	106	106	96	107	105	95	108	110	89	65	88	95	99	104	101
1882	55	73	88	119	121	107	123	104	128	110	114	125	120	124	124	**131**	117	128	**130**	132	127	**156**
1883	126	88	103	92	97	96	110	91	98	109	84	113	101	95	86	85	115	103	82	101	96	109
1884	84	98	126	88	87	72*	85	75	89	100	93	111	93	97	90	104	114	101	88	83	63*	98
1885	100	115	**170**	113	104	104	119	100	87	106	66*	92	84	99	77	99	129	89	116	110	100	139
1886	68	109	147	114	114	122	115	100	112	98	99	87	84	103	75	74	81	108	97	115	115	132
1887	89	99	111	95	94	87	96	82	66*	75	75	74	77	81	75	86	106	86	89	85	91	95
1888	126	106	151	114	108	90	105	114	89	88	94	90	85	117	98	105	111	111	116	104	118	94
1889	59	67	91	105	106	92	108	96	90	78	84	82	77	104	103	98	116	111	97	122	124	111
1890	106	73	93	92	99	90	114	90	107	104	101	108	99	117	109	90	122	106	102	88	107	90
1891	111	96	91	103	107	100	96	104	101	108	92	90	84	90	102	117	113	107	100	92	118	112
1892	108	120	113	97	98	100	94	93	103	95	85	108	100	89	85	81	101	76	72	105	98	101
1893	73	103	126	88	95	86	86	84	108	103	79	90	98	90	87	90	109	86	91	91	81	76
1894	88	91	117	69	71	90	91	112	107	107	107	99	86	108	108	108	81	106	98	108	100	72
1895	135	**181**	149	116	114	81	93	82	90	73	101	83	96	106	102	87	119	96	101	109	110	109
1896	56	63	78	112	117	125	98	93	95	92	88	89	109	95	100	102	88	91	93	116	**140**	114
1897	90	96	124	86	105	103	91	92	110	109	78	93	92	102	91	101	109	109	98	102	86	109
1898	100	67	69	79	76	91	77	78	102	112	89	97	125	79	98	93	116	109	83	108	101	96
1899	75	96	93	94	96	86	92	92	101	95	113	110	128	89	96	99	120	118	96	104	93	72
1900	88	94	76	101	101	94	92	92	103	97	146	113	137	96	112	90	108	112	89	117	109	137
1901	89	95	110	136	111	98	111	84	83	82	96	92	94	85	112	89	106	115	113	118	114	138
1902	107	113	134	107	99	100	75	80	79	71	73	87	104	99	118	110	97	101	97	100	119	114
1903	62	92	73	86	94	118	79	**147**	125	122	126	128	**142**	104	106	93	119	103	101	100	106	131
1904	73	74	128	72	99	103	83	85	84	95	97	111	102	79	91	83	96	72	99	90	80	101
1905	60	72	97	95	97	127	91	95	82	86	75	103	104	118	103	118	**132**	112	104	101	99	143

in Prozenten der fünfzigjährigen Mittelwerte (1851—1900).

Modena	Genua	Rom	Neapel	Triest	Wien	Hermannstadt	Kopenhagen	Upsala	Helsingfors	St. Petersburg	Warschau	Moskau	Lugan	Tiflis	Katharinenburg	Summe der Abweichungen +	Summe der Abweichungen —	Summe der Abweichungen Mittel	Zahl der Abweichungen in Prozenten +	Zahl der Abweichungen in Prozenten —	Zahl der Abweichungen in Prozenten Summe	Jahr
122	118	94	97	130	107	**187**	102	142	88	94	**148**		80	71	110	373	300	+ 2.0	47	53	— 6	1851
99	97	65	74	123	68	78	121	112	98	78	83		95	95	103	379	212	+ 4.6	64	36	+28	1852
149	127	113	110	135	111	82	87	90	73	61*	135		78	96	72	244	278	— 0.9	38	62	—24	1853
90	71	83	100	84	93	94	104	82	93	64	127	81	130	115	81	217	388	— 4.5	39	61	—22	1854
143	100	99	120	**147**	92	90	94	102	61	81	146	87	61	84	72	410	355	+ 1.4	38	62	—24	1855
117	118	94	105	144	78	86	103	102	97	84	93	106	64	59*	55	290	293	— 0.1	50	50	± 0	1856
94	92	92	97	70	76	96	64*	85	62	63	100	78	106	82	47*	8	810	—21.1	7	93	—86	1857
120	96	104	113	87	67*	89	72	83	77	62	120	74	91	112	109	151	546	—10.4	26	74	—48	1858
100	95	84	90	113	108	101	108	92	119	91	128		89	108	67	150	262	— 3.0	42	58	—16	1859
100	96	114	130	86	90	120	106	130	117	77	105	86	93	107	83	445	164	+ 7.4	62	38	+24	1860
62	55*	79	70	80	90	71	106	116	74	92	89	99	77	83	74	157	482	— 8.6	34	66	—32	1861
145	107	111	113	106	100	69	107	110	90	70	66*	96	70	95	110	237	247	— 0.3	47	53	— 6	1862
84	92	111	74	77	71	83	105	92	92	85	77	88	56*	89	76	153	473	— 8.4	26	74	—48	1863
129	92	109	102	109	105	140	115	85	93	**148**	107	91	76	95	55	317	436	— 3.1	41	59	—18	1864
73	97	81	116	62*	83	81	64*	87	60*	93	118	89	75	107	68	139	555	—10.9	20	80	—60	1865
85	88	62*	68	90	92	74	130	**150**	123	133	80	92	61	100	116	523	249	+ 7.2	62	38	+24	1866
117	120	87	82	101	107	102	125	109	104	127	96	129	97	85	124	398	100	+ 7.8	68	32	+26	1867
97	127	108	**150**	81	100	90	92	110	78	85	129	64*	96	**157**	130	339	170	+ 4.4	54	46	+ 8	1868
144	70	85	105	107	82	108	79	118	92	144	108	118	101	100	79	209	334	— 3.3	46	54	— 8	1869
91	104	96	104	112	116	131	77	89	104	113	112	108	121	113	82	204	409	— 5.4	39	61	—22	1870
82	76	78	95	75	95	121	74	97	95	118	118	106	82	76	86	167	403	— 6.2	29	71	—42	1871
110	**211**	123	95	127	103	97	122	130	113	97	103	118	75	87	101	794	85	+18.7	76	24	+52	1872
81	87	100	102	101	81	68*	119	96	118	126	100	105	96	78	113	136	287	— 4.0	42	58	—16	1873
79	95	102	130	83	100	86	93	77	91	103	78	114	98	121	114	105	448	— 9.0	28	72	—44	1874
98	97	145	108	89	111	85	87	58*	60*	79	99	105	118	101	112	198	302	— 2.7	45	55	—10	1875
117	122	88	85	135	109	116	92	85	87	84	101	121	107	91	129	377	131	+ 6.5	66	34	+32	1876
72	83	82	107	106	94	112	120	115	134	105	86	111	141	102	134	596	126	+12.4	79	21	+58	1877
101	82	120	122	119	128	83	94	101	113	130	95	112	113	146	103	462	151	+ 8.2	68	32	+36	1878
93	100	92	76	92	138	121	93	90	101	129	100	104	122	107	114	290	122	+ 4.4	58	42	+16	1879
91	90	63	48*	114	122	87	105	62	106	106	92	105	107	91	74	317	275	+ 1.1	58	42	+16	1880
108	99	114	103	87	100	127	89	79	89	103	74	81	102	97	101	208	212	— 0.1	49	51	— 2	1881
79	103	87	100	104	109	101	99	103	123	79	118	80	113	88	91	514	181	+ 8.8	72	28	+44	1882
60*	99	92	94	75	85	112	90	120	**142**	126	104	97	79	82	69	194	288	— 2.5	39	61	—22	1883
84	70	110	96	87	102	103	107	91	90	87	75	105	109	82	96	92	359	— 7.0	30	70	—40	1884
109	100	112	116	134	105	122	99	116	122	110	86	105	100	89	102	378	133	+ 6.4	64	36	+28	1885
87	116	94	107	101	117	120	81	81	88	112	70	88	87	114	113	306	261	+ 1.2	54	46	+ 8	1886
132	107	118	97	99	99	83	82	82	82	107	100	95	121	103	139	144	384	— 6.3	25	75	—50	1887
60*	109	93	72	87	117	78	99	100	91	89	114	116	128	116	139	345	203	+ 3.7	57	43	+14	1888
103	105	134	131	123	110	98	95	97	100	79	117	96	96	117	116	266	228	+ 1.0	51	49	+ 2	1889
69	81	101	95	74	96	87	89	140	114	108	84	69	109	119	109	203	252	— 1.3	50	50	± 0	1890
71	95	97	91	88	91	85	**131**	95	107	85	101	96	101	85	103	146	190	— 1.2	47	53	— 6	1891
106	111	114	99	111	112	110	100	74	125	122	73	91	82	81	130	200	237	— 1.0	49	51	— 2	1892
99	103	79	104	82	86	105	107	93	105	119	83	119	150	113	106	180	307	— 3.3	39	61	—22	1893
91	67	76	81	76	93	79	120	91	109	127	89	**138**	134	87	107	223	334	— 2.9	43	57	—14	1894
119	95	110	120	78	116	112	101	110	120	97	74	103	117	141	117	438	175	+ 6.9	66	34	+32	1895
147	109	120	112	127	105	96	105	100	116	99	83	106	109	119	124	334	203	+ 3.4	55	45	+10	1896
98	90	109	75	84	117	129	113	100	103	104	101	74	107	96	81	166	209	— 1.1	51	49	+ 2	1897
120	107	101	89	81	104	87	122	139	132	108	104	116	115	101	111	253	271	— 0.5	54	46	+ 8	1898
79	93	105	100	97	96	105	92	103	111	114	119	124	**154**	106	111	246	179	+ 1.8	46	54	— 8	1899
97	122	**173**	125	119	126	112	121	91	119	103	92	112	103	113	**145**	489	112	+ 9.9	66	34	+32	1900
146	146	124	107	111	82	112	109	66	80	80	110	102	93	121	101	373	212	+ 4.2	58	42	+16	1901
89	109	100	104	92	111	100	92	97	125	113	91	107	98	83	121	217	201	+ 0.4	50	50	± 0	1902
104	143	116	111	104	**139**	93	121	123	134	124	114	95	153	95	106	570	138	+11.4	72	28	+44	1903
115	74	98	97	85	109	85	95	95	115	109	80	122	108	118	101	142	339	+ 5.2	34	66	—32	1904
117	130	122	112	122	105	98	116	95	111	99	118	125	114	137	122	416	159	+ 6.8	63	37	+26	1905

Ebenso war 1864 in Südspanien sehr regenreich, da San Fernando 155 % aufweist. Dieses Maximum verschiebt sich wieder allmählich nordwärts: 1864/65 finden wir es in Lissabon (129, 133); 1864/65/66 in Madrid (123, 126, 119); 1866 in Dijon (126), Pouilly-en-Auxois (131), Paris (128), Bar-le-Duc (136), Greenwich (127), Stonyhurst (132), Seathwaite (132); 1867 in Edinburgh (117); 1868 in Rothesay (119), Culloden (127). Das Maximum hat also vier Jahre gebraucht, um sich von Südspanien über Frankreich und England bis nach Nordschottland fortzupflanzen.

Ein drittes Beispiel der Verschiebung des Maximums ist folgendes: 1870 Algier; 1871/72 San Fernando (174, 164), Lissabon (124, 125); 1872 Perpignan (152), Dijon (149), Pouilly-en-Auxois (123), Paris (128), Bar-le-Duc (130), Greenwich (124), Stonyhurst (129), Seathwaite (134), Edinburgh (147), Rothesay (146), Culloden (128).

Ähnlich verhielt es sich 1881/82 und 1902/03.

Aber auch Minima des Regenfalls schreiten in derselben Richtung von Süden nach Norden fort; z. B. 1854 bis 1855 und noch deutlicher 1863 bis 1865, nämlich: 1863 San Fernando (62 %), Lissabon (65), Madrid (77), Perpignan (83); 1864 Dijon (77), Paris (74), Greenwich (68); 1865 Stonyhurst (82), Seathwaite (86), Edinburgh (89), Rothesay (86). Ganz analoge Verhältnisse zeigen sich bei den trockenen Jahren 1869—1871, 1877—1879, 1882—1885, 1886 – 1887, 1896 – 1898.

Verfolgt man dieselben Erscheinungen in einem östlicheren Streifen, von Süditalien über die Schweiz und Deutschland nach Skandinavien, so bemerkt man wohl öfters ähnliche Aufeinanderfolgen und Verschiebungen, aber bei weitem nicht so regelmäßig wie in dem ozeanischen Randgebiet, und noch weiter östlich wird ein Fortschreiten der Extreme des Regenfalls von Süden nach Norden noch undeutlicher. Ich glaube, der Grund für dieses verschiedene Verhalten liegt in dem verschiedenen Ursprung der Niederschläge im ozeanischen und kontinentalen Gebiete. Im ersteren stammt die Hauptmasse des zu Niederschlägen kondensierten Wasserdampfes unmittelbar vom Ozean und wird durch die allgemeine Luftzirkulation herbeigeführt, während im letzteren die lokale Verdunstung über den Landflächen bei der Entstehung der Sommerregen einen großen Anteil hat. Die lokalen Gewitter- und Platzregen spielen hier eine viel größere Rolle als im ozeanischen Klima, wo die ausgebreiteten zyklonalen Regen überwiegen. Die Schwankungen des Regenfalls am Rande des Atlantischen Ozeans sind deshalb mit den Änderungen in der Energie der allgemeinen Luftzirkulation weit mehr verknüpft als die im Innern der Kontinente.

Es erscheint mir nun sehr beachtenswert und weiterer Untersuchung bedürftig, daß gerade ein Teil derjenigen Gebiete, die E. Brückner bei seinen Studien über die Wahrscheinlichkeit von Niederschlagsschwankungen innerhalb einer 35 jährigen Periode als „Ausnahmegebiete“ hinstellte, die ozeanischen Randgebiete von Europa sind, für die ich ein regelmäßiges, zeitliches Fortschreiten der nassen und trockenen Jahre von Süden nach Norden soeben nachgewiesen habe.

Diese regelmäßigen Wanderungen der Maximal- und der Minimaljahre des Niederschlags sind natürlich auch der Grund für die bereits oben (S. 58) erwähnte Tatsache, die aus Tabelle 16 aufs deutlichste ersichtlich wird, daß es in der 55 jährigen Periode von 1851—1905 kein einziges Jahr gibt, das in dem hier in Untersuchung stehenden Gebiete allgemein zu naß oder zu trocken gewesen wäre. Schon dieser Umstand spricht gegen die Annahme, daß ein allgemein gültiger Zyklus irgend welcher Art in den Schwankungen der Niederschläge bestehe; er muß — falls er überhaupt existiert — notwendig regional verschieden sein.

Es lag ferner nahe zu untersuchen, ob nicht ähnliche Verhältnisse für andere Gebiete der Erde nachweisbar sind. In erster Linie dachte ich wieder an das indische Monsungebiet, wo ja, wie auch aus dem Kärtchen auf S. 53 deutlich hervorgeht, der zur Regenbildung notwendige Wasserdampf fast ausschließlich durch den Südwestmonsun vom Ozean herbeigeführt wird. Eine ebenso eingehende kritische Prüfung und Verwertung der langen indischen Beobachtungsreihen, wie die hier für Europa geleistete, würde über den Rahmen der vorliegenden Arbeit, die ohnehin schon mancherlei kleine Abschweifungen vom eigentlichen Thema aufweist, hinausgegangen sein. Ich fand aber glücklicherweise in den sehr eingehenden Untersuchungen von Blanford und Eliot über die Hungersnöte in Indien, daß sich für das Fortschreiten der sie verursachenden trockenen Jahre, d. h. für das Ausbleiben bezw. die mangelhafte Entwickelung des Südwestmonsun-Regens ein ganz analoges Verhalten feststellen läßt. Wenn Südindien, besonders die Provinzen Madras und Dekkan, Dürre haben, ist die Wahrscheinlichkeit dafür, daß sie im nächsten Jahre in einem Teile Nordindiens herrschen wird, wie fünf zu zwei (H. F. Blanford, A practical guide to the climates and weather of India, Ceylon and Burmah. London 1889. 8⁰. S. 81, nach dem „Report of Indian Famine Commissioners“ und J. Eliot, Droughts and Famines of India. Rep. of the Internat. Meteorol. Congress held at Chicago, Ill., Aug. 21—24, 1893, Part II. Washington 1895. 8⁰. S. 444—459).

Kehren wir nun wieder zu unserer eigentlichen Aufgabe und zu den europäischen Verhältnissen zurück.

Da die räumliche Verlagerung der extremen Jahre von Süden nach Norden in Westeuropa, wenigstens in den letzten 55 Jahren, ganz gesetzmäßig vor sich gegangen ist, dürfen wir natürlich nicht erwarten, daß der Zusammenhang der jährlichen Niederschlagsmenge mit der Häufigkeit der Sonnenflecken, wie immer er auch beschaffen sein möge, an allen Orten derselbe sein kann. Daraus ergibt sich aber ohne weiteres die Notwendigkeit, diese Beziehungen zunächst für jede Station einzeln zu studieren, und erst, wenn sich zeigen sollte, daß ihr Charakter an mehreren der gleiche ist, sie zu einem allgemeineren oder wenigstens regionalen Mittel zu vereinigen.

Diese Untersuchung wurde nun, wie im Regenwerk, Bd. I, S. 342, in der Weise geführt, daß die Jahre der Sonnenflecken-Minima 1843, 1856, 1867, 1878, 1889 und 1901 als die Mitte der Periode genommen und von da nach vorwärts wie nach rückwärts, je sechs Jahre hingeschrieben wurden, so daß jeder Zyklus aus 13 Jahren besteht, die sich auf 11 reduzieren, wenn man die Durchschnittswerte nach der Formel $(a + 2b + c):4$ ausgleicht. Dabei wurden für die Häufigkeit der Sonnenflecken die neuesten Werte der Wolf-Wolferschen Relativzahlen zugrunde gelegt und deren ausgeglichenen Mittelwerte für die Periode ebenso abgeleitet.

Das Beispiel von San Fernando möge das eingeschlagene Verfahren erläutern:

	−6	−5	−4	−3	−2	−1	Min.	+1	+2	+3	+4	+5	+6
		43	64	110	65	178	100	72	117	78	90	102	97
	102	97	62	155	120	122	131	133	79	134	174	164	102
	164	102	92	94	89	62	63	119	83	167	55	126	84
	126	84	100	68	89	126	59	106	111	108	73	88	135
	135	56	90	100	75	88	89	107	62	73	60		
Summe	527	382	408	527	438	576	442	537	452	560	452	480	418
Mittel roh	132	76	82	105	88	115	88	107	90	112	90	120	104
Mittel ausgeglichen		92	86	95	99	102	100	98	100	103	103	108	

Damit es später einmal leicht sei, weitere Jahrgänge an die hier in die Untersuchung einbezogenen 55 Jahre von 1851 bis 1905 anzuschließen, gebe ich in Tabelle 17 nur die un-

Tabelle 17. Summen der in Prozenten der 50jährigen (1851—1900) Mittelwerte ausgedrückten jährlichen Niederschlagsmengen von 1851 bis 1905, nach der Sonnenfleckenperiode geordnet.

	−6	−5	−4	−3	−2	−1	Min.	+1	+2	+3	+4	+5	+6
San Fernando . . .	527	382	408	527	438	576	442	537	452	560	452	480	418
Lissabon	505	435	440	471	545	570	472	480	470	499	469	415	486
Dijon	424	486	492	465	478	569	597	500	485	400	526	377	398
Pouilly-en-Auxois .	406	484	498	469	492	564	570	498	479	446	527	363	392
Paris	394	504	496	477	510	521	537	478	506	485	547	403	364
Bar-le-Duc	417	461	545	470	470	542	558	479	462	433	509	415	376
Greenwich	382	472	497	486	472	544	515	492	549	468	508	412	363
Stonyhurst	416	488	544	473	444	528	455	456	537	486	516	433	390
Seathwaite	450	528	567	480	446	515	418	458	512	483	489	484	406
Edinburgh	440	502	457	482	490	555	498	483	488	471	495	446	429
Rothesay	459	526	497	442	481	539	444	509	493	509	521	475	422
Culloden	451	475	520	484	501	544	476	520	523	473	491	441	402
Gütersloh	404	490	449	459	484	541	548	509	514	497	526	410	386
Berlin	377	510	488	473	491	529	475	464	544	473	563	398	388
Görlitz	400	493	520	508	494	509	543	467	544	425	502	410	380
Stuttgart	385	501	499	497	442	538	594	460	501	494	495	384	367
Genf	432	461	485	491	454	578	596	480	487	449	506	422	346
Gr. St. Bernhard . .	395	483	530	598	479	530	546	465	506	458	566	358	364
Modena	351	579	469	583	491	457	584	442	530	520	477	323	429
Genua	460	491	474	539	490	502	581	509	501	483	508	432	359
Rom	404	535	499	562	475	509	561	485	456	504	478	370	431
Neapel	379	520	469	516	498	492	547	522	468	493	541	340	431
Triest	360	551	501	515	477	549	598	409	500	508	469	358	372
Wien	394	495	461	548	480	521	505	521	501	545	485	371	399
Hermannstadt . . .	392	523	498	514	479	466	481	494	462	554	545	359	352
Kopenhagen	419	540	531	492	434	564	521	424	493	464	497	438	434
Upsala	476	539	497	453	439	558	475	522	481	429	518	457	407
Helsingfors	449	502	506	446	433	528	494	480	516	552	551	438	418
St. Petersburg . . .	412	476	480	508	462	511	500	498	521	538	492	442	380
Lugan	348	464	456	474	587	494	463	531	553	502	552	365	392
Tiflis	393	445	490	507	522	515	528	548	483	517	520	339	396
Baku	408	426	574	651	382	541	455	536	440	495	440	400	364
Katharinenburg . .	361	553	476	463	528	606	499	521	471	481	500	351	436
Relativzahlen der Sonnenflecken.													
Summe	306.6	293.9	221.3	154.6	87.4	50.9	23.9	77.9	221.9	402.1	414.5	315.1	252.9
Mittel roh	76.6	58.8	44.3	30.9	17.5	10.2	4.8	15.6	44.4	80.4	82.9	78.8	63.2
Mittel ausgeglichen		59.6	44.6	30.9	19.0	10.7	8.8	20.1	46.2	72.0	81.2	75.9	

ausgeglichenen Summen, dafür aber in den Figuren 12 bis 14 die graphische Darstellung der ausgeglichenen Mittelwerte, und zwar in streifenförmiger Anordnung der Stationen.

Aus der Betrachtung dieser Kurven glaube ich folgende Schlüsse ableiten zu dürfen:

1. Ein für alle Teile Europas gleichmäßig gültiger Zusammenhang zwischen der Häufigkeit der Sonnenflecken und der jährlichen Niederschlagsmenge besteht nicht.

2. Infolge des Fortschreitens nasser und trockener Jahre von Süden nach Norden verschieben sich auch die Maxima und Minima der Niederschlagsmenge im Sonnenfleckenzyklus; doch zeigen enger begrenzte Gebiete, wie Südspanien und Südportugal, Zentralfrankreich, Mittelengland, Schottland usw. jeweilig gemeinsame Charaktere in den Kurven, so daß die Bildung regionaler Mittel in diesen Fällen gerechtfertigt wäre.

3. Bei der Mehrzahl der Stationen treten innerhalb einer Sonnenfleckenperiode zwei Maxima des Regenfalls auf, die um 6 bezw. 5 Jahre von einander abstehen. Darin zeigt sich meiner Ansicht nach die oben besprochene doppelte Einwirkung der durch die wechselnde Häufigkeit der Sonnenflecken bedingten Schwankung in der Energie der Sonnenstrahlung, nämlich einmal mittelbar die Einwirkung auf die Äquatorialgegend und sodann unmittelbar diejenige auf den Ort selbst.

4. Zur Zeit des Sonnenfleckenminimums, d. h. vermehrter Energie der Sonnenstrahlung, tritt an den meisten Stationen ein Maximum des Regenfalls ein.

5. Die Schwankungen der jährlichen Niederschlagsmenge innerhalb einer Sonnenfleckenperiode sind im allgemeinen so klein und zudem noch so unsicher, daß eine Verwertung für praktische Zwecke vorerst ausgeschlossen ist.

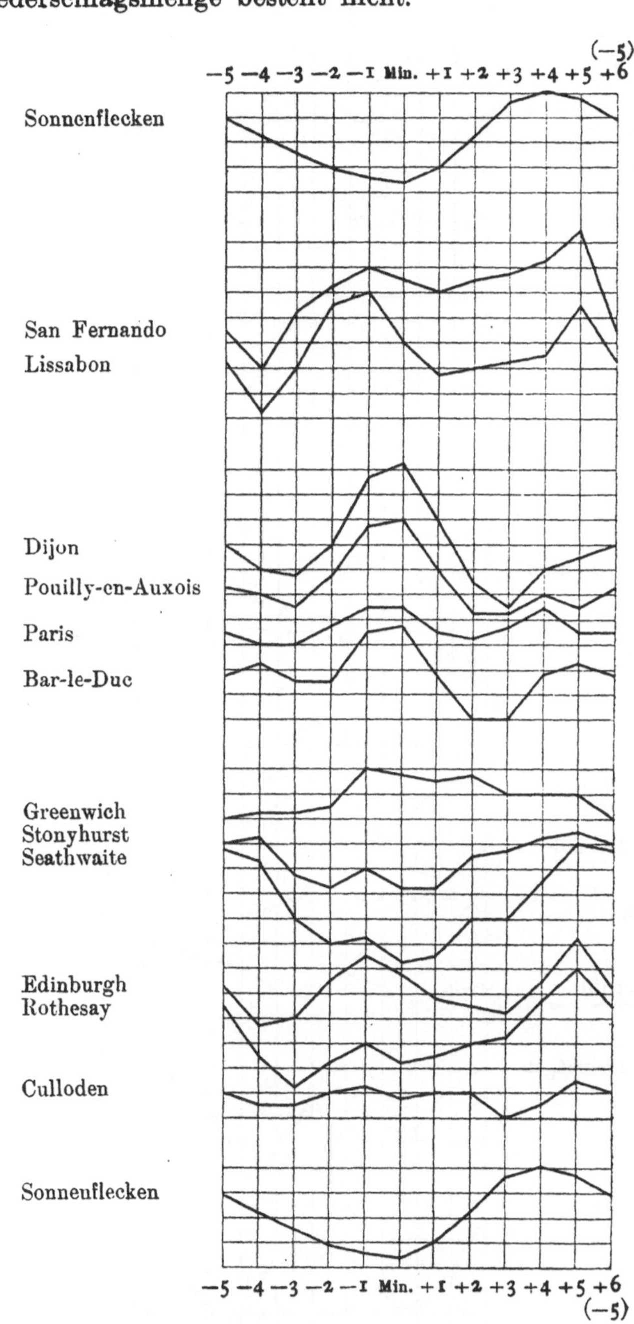

Fig. 12. Beziehungen zwischen den Sonnenflecken und den jährlichen Niederschlagsmengen nach gleichzeitigen Beobachtungen in den Jahren 1851—1905.

Wenn die hier vorgetragene Hypothese über die Beziehungen zwischen Sonnenflecken und Regenfall richtig ist, würde es vor allem darauf ankommen, für die Äquatorialregion den

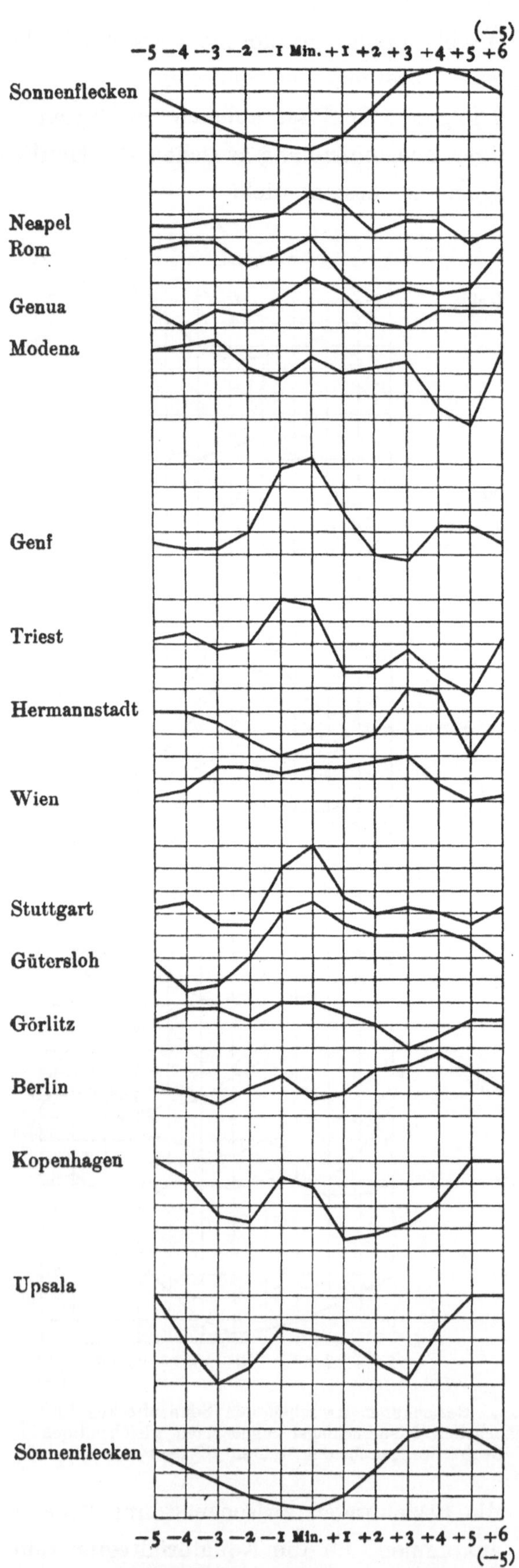

Fig. 13. Beziehungen zwischen den Sonnenflecken und den jährlichen Niederschlagsmengen nach gleichzeitigen Beobachtungen in den Jahren 1851—1905.

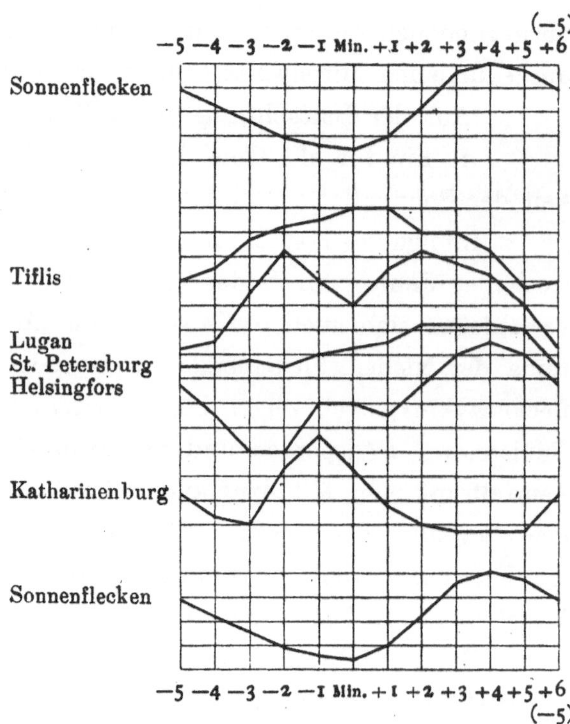

Fig. 14. Beziehungen zwischen den Sonnenflecken und den jährlichen Niederschlagsmengen nach gleichzeitigen Beobachtungen in den Jahren 1851—1905.

Nachweis des engeren Zusammenhanges beider Erscheinungen zu führen. Daß er auch hier nicht ganz einfach sein kann, geht wohl daraus hervor, daß selbst in den Tropen die unperiodischen Schwankungen nicht bloß an Ort und Stelle erzeugt, sondern auch von denen höherer Breiten beeinflußt werden. Es besteht eben eine Wechselwirkung zwischen den meteorologischen Zuständen aller Teile der Erdoberfläche untereinander; kein einziges Gebiet ist von den übrigen unabhängig.

Sodann wäre es wichtig, den mittelbaren Einfluß der wechselnden Energie der Sonnenstrahlung auf die der allgemeinen Luftzirkulation nachweisen zu können. Dazu bedürfte es einiger langer und homogener Messungsreihen der Windgeschwindigkeit auf passend gelegenen Inseln des Atlantischen und Indischen Ozeans sowie an den Küsten der Kontinente. Leider gilt das eingangs über die Inhomogenität der Niederschlagsbeobachtungen Gesagte in noch höherem Grade bezüglich der Messungen der Windgeschwindigkeit. Wenn man aber jetzt schon dafür sorgte, daß an solchen Orten Anemometer zweckmäßig aufgestellt würden, und zwar in einer Umgebung, die auf Jahrzehnte hinaus keine störende Änderungen erleidet, dann würde für spätere Untersuchungen das nötige Beobachtungsmaterial gesichert sein.

Schließlich möchte ich noch eine Bemerkung zur Methodik solcher Untersuchungen machen.

Die Verschiedenheit der Schwankungen des Niederschlags innerhalb einer Sonnenfleckenperiode an den einzelnen Stationen hat wieder gezeigt, wie unrichtig man verfährt, wenn man von vornherein alle Stationen zu einer Gruppe vereinigt und die Untersuchung gleich für die Gesamtsumme ausführt. Man erhält errechnete Mittelwerte, die wenig Bedeutung und für keine einzelne der Stationen Geltung haben. Erst wenn sich in den Befunden der Einzelstationen, namentlich benachbarter, Übereinstimmungen zeigen, die nicht als Zufälligkeiten zu deuten sind, hat man das Recht, sie zu einem Mittel zu vereinigen. Die vorliegende Untersuchung beweist, daß in Europa nur für relativ kleine Gebiete eine solche Zusammenfassung möglich ist. Der Regenfall von ganz Europa hat ebensowenig wie der von ganz Indien, der so oft zum Ausgangspunkt solcher Untersuchungen gedient hat, einheitliche und allgemein gültige Beziehungen zu den Sonnenflecken.

San Fernando bei Cádiz

H = 25 m $\qquad$ h_r = 1.3 m

Jahr	Jan.	Febr.	März	April	Mai	Juni	Juli	Aug.	Sept.	Okt.	Nov.	Dez.	Jahressumme in Millimetern	Jahressumme in Proz. des 50 j. Mittels	Jahr
1851	70	57	28	38	4	0	0	0	15	26	0	65	303	43	1851
1852	58	0	84	35	5	0	0	2	0	71	153	44	452	64	1852
1853	105	87	39	15	80	5	0	1	14	76	143	212	777	110	1853
1854	145	10	24	73	18	17	0	52	7	27	87	1	461	65	1854
1855	38	278	101	42	113	0	0	6	36	229	172	247	1262	178	1855
1856	257	100	105	35	0	29	0	0	80	11	37	54	708	100	1856
1857	50	71	74	7	37	10	0	19	31	67	131	14	511	72	1857
1858	56	142	106	8	9	2	0	4	9	151	279	60	826	117	1858
1859	37	63	0	43	58	47	0	0	1	114	99	90	552	78	1859
1860	189	5	30	94	0	9	0	0	12	11	134	154	638	90	1860
1861	64	89	28	17	101	0	0	0	8	161	109	148	725	102	1861
1862	121	124	122	58	36	0	0	5	11	0	147	66	690	97	1862
1863	50	13	70	59	48	33	0	0	20	145	0	4	442	62	1863
1864	103	129	187	96	44	16	0	3	4	277	117	123	1099	155	1864
1865	100	106	85	75	53	1	11	8	15	137	188	71	850	120	1865
1866	47	110	213	56	74	74	2	0	36	73	9	169	863	122	1866
1867	247	38	167	13	65	7	0	0	27	27	138	203	932	131	1867
1868	45	83	17	124	61	16	3	14	202	82	167	126	940	133	1868
1869	65	69	51	10	53	4	4	0	41	27	34	200	558	79	1869
1870	144	292	52	88	6	0	0	17	26	14	152	158	949	134	1870
1871	114	72	132	21	189	33	5	0	55	145	357	113	1236	174	1871
1872	120	213	192	91	23	10	0	0	93	204	103	202	1161	164	1872
1873	70	68	194	80	20	23	0	0	0	108	84	78	725	102	1873
1874	63	78	54	28	66	0	0	13	64	59	86	139	650	92	1874
1875	63	69	87	19	51	8	0	0	0	103	113	150	663	94	1875
1876	31	40	37	16	53	0	0	3	6	66	141	236	629	89	1876
1877	92	0	73	57	19	14	0	3	127	1	31	26	443	62	1877
1878	10	36	41	21	7	0	0	0	10	99	155	68	447	63	1878
1879	154	34	134	48	0	7	0	0	29	215	130	92	843	119	1879
1880	20	69	66	62	131	1	0	2	1	80	112	48	592	83	1880
1881	290	95	222	270	39	0	26	0	2	117	23	98	1182	167	1881
1882	40	29	23	48	70	0	1	0	3	11	0	165	390	55	1882
1883	198	62	153	109	124	26	0	1	0	116	5	102	896	126	1883
1884	29	102	95	147	7	4	0	0	25	76	79	29	593	84	1884
1885	68	113	66	64	1	18	3	41	8	57	128	141	708	100	1885
1886	70	52	28	51	13	1	0	0	21	78	112	56	482	68	1886
1887	35	51	135	73	21	8	0	0	3	8	156	144	634	89	1887
1888	81	73	110	187	19	4	0	0	30	33	82	274	893	126	1888
1889	92	36	53	33	33	13	0	16	75	44	6	18	419	59	1889
1890	57	105	86	102	60	0	0	0	7	15	4	315	751	106	1890
1891	45	2	190	18	10	7	0	0	112	53	229	21	687	111	1891
1892	147	145	101	88	54	15	0	0	7	163	41	107	868	108	1892
1893	88	34	87	68	22	4	0	0	63	45	67	43	521	73	1893
1894	83	34	98	57	22	3	0	0	0	158	74	97	626	88	1894
1895	139	136	184	71	40	10	0	0	27	155	76	120	958	135	1895
1896	31	14	32	36	28	5	0	0	3	84	66	101	400	56	1896
1897	146	0	8	46	19	3	0	0	0	80	282	55	639	90	1897
1898	49	27	116	38	88	2	2	0	24	85	280	1	712	100	1898
1899	53	114	89	3	27	31	0	0	8	102	59	49	535	75	1899
1900	50	118	83	53	66	0	0	1	35	141	69	10	626	88	1900
1851—1900 Summe	4519	3887	4462	2991	2187	520	57	211	1433	4427	5446	5307	35447		Summe 1851—1900
1851—1900 Mittel	90.4	77.7	89.2	59.8	43.7	10.4	1.1	4.2	28.7	88.5	108.9	106.1	708.9		Mittel 1851—1900
1851—1900 Maxim.	290	292	222	270	189	74	26	52	202	277	357	315	1262		Maxim. 1851—1900
1851—1900 Minim.	10	0	0	3	0	0	0	0	0	0	0	1	303		Minim. 1851—1900
1901	141	73	134	69	10	13	0	0	27	61	28	73	629	89	1901
1902	0	127	62	102	30	6	10	7	2	174	118	76	714	107	1902
1903	91	1	49	27	16	27	0	0	10	50	36	135	442	62	1903
1904	51	76	96	20	15	33	0	0	105	9	65	51	521	73	1904
1905	37	2	8	12	26	9	2	0	22	102	164	39	423	60	1905

Lissabon

H = 95 m h_r = 24.4 m

Jahr	Jan.	Febr.	März	April	Mai	Juni	Juli	Aug.	Sept.	Okt.	Nov.	Dez.	Jahressumme in Millimetern	Jahressumme in Proz. des 50 j. Mittels	Jahr
1851	138	44	62	137	29	0	1	0	6	32	0	44	493	67	1851
1852	100	14	141	74	43	10	0	14	8	109	143	125	781	105	1852
1853	109	66	101	20	136	8	4	18	0	79	66	157	764	103	1853
1854	151	4	20	74	30	33	0	10	12	49	69	10	462	62	1854
1855	77	284	158	67	123	2	14	1	113	249	88	120	1296	175	1855
1856	292	100	152	132	17	0	0	9	19	67	4	89	881	119	1856
1857	55	123	69	16	67	35	1	33	18	83	224	35	759	102	1857
1858	32	157	78	13	22	3	1	4	52	101	415	73	951	128	1858
1859	29	26	6	105	92	71	1	1	2	229	76	66	704	95	1859
1860	118	27	19	86	18	27	3	10	31	12	144	223	718	97	1860
1861	52	227	15	59	80	11	4	0	24	169	119	59	819	111	1861
1862	115	190	228	21	34	1	5	0	41	31	105	64	835	113	1862
1863	113	5	117	6	74	11	4	50	22	69	11	1	483	65	1863
1864	75	80	174	58	51	17	1	17	41	263	60	117	954	129	1864
1865	205	50	28	29	102	20	1	3	29	222	236	60	985	133	1865
1866	59	96	139	86	141	9	4	1	21	39	22	21	638	86	1866
1867	150	27	154	12	51	1	7	6	11	6	155	90	670	90	1867
1868	50	24	5	43	29	4	11	23	125	16	138	203	671	91	1868
1869	98	23	35	27	96	3	1	0	25	33	8	191	480	65	1869
1870	50	125	67	41	4	3	1	19	22	42	100	160	634	86	1870
1871	85	92	158	28	77	32	2	0	146	77	156	66	919	124	1871
1872	177	219	84	50	30	0	6	3	22	108	68	160	927	125	1872
1873	123	101	168	53	84	18	1	3	1	31	72	41	696	94	1873
1874	29	101	16	68	19	3	1	1	11	77	29	85	440	59	1874
1875	62	79	53	30	31	12	11	1	16	57	39	78	469	63	1875
1876	40	87	84	21	36	12	0	1	25	191	253	396	1146	155	1876
1877	168	43	62	159	107	23	11	12	73	26	72	51	807	109	1877
1878	21	51	58	101	37	3	1	20	32	89	152	186	751	101	1878
1879	120	119	39	130	2	27	1	1	41	56	172	42	750	101	1879
1880	11	84	73	74	55	28	0	10	6	151	98	70	660	89	1880
1881	275	92	117	194	18	10	3	0	18	70	77	43	917	124	1881
1882	21	65	22	54	75	9	17	1	20	81	31	145	541	73	1882
1883	141	56	191	74	110	12	2	0	22	20	19	6	653	88	1883
1884	62	151	149	216	3	1	8	1	50	31	9	44	725	98	1884
1885	201	144	69	99	10	25	0	32	5	29	148	89	851	115	1885
1886	98	58	121	99	75	32	0	0	23	108	66	128	808	109	1886
1887	35	12	123	19	69	8	0	8	20	67	183	188	732	99	1887
1888	39	47	148	31	25	17	13	14	38	79	184	150	785	106	1888
1889	48	31	76	126	37	42	3	3	19	65	43	7	500	67	1889
1890	33	43	116	106	59	0	0	1	19	4	10	153	544	73	1890
1891	57	26	115	26	93	27	1	5	28	125	159	48	710	96	1891
1892	127	144	162	92	50	35	0	4	24	98	59	97	892	120	1892
1893	71	97	64	134	75	39	1	0	27	34	124	96	762	103	1893
1894	110	14	70	128	22	5	2	1	12	158	110	43	675	91	1894
1895	227	232	107	99	27	22	8	0	202	172	143	102	1341	181	1895
1896	5	63	41	18	12	26	1	6	2	79	68	148	469	63	1896
1897	134	10	80	26	37	8	2	1	10	141	163	101	713	96	1897
1898	59	15	59	33	59	20	2	0	26	70	140	11	494	67	1898
1899	104	203	83	8	19	18	0	19	3	87	68	101	713	96	1899
1900	71	147	37	95	129	5	0	46	12	23	67	67	699	94	1900
1851—1900 Summe	4822	4318	4513	3497	2721	788	161	413	1575	4304	5165	4790	37067		Summe 1851—1900
1851—1900 Mittel	96.4	86.4	90.3	69.9	54.4	15.8	3.2	8.3	31.5	86.1	103.3	95.8	741.4		Mittel 1851—1900
1851—1900 Maxim.	292	284	228	216	141	71	17	50	202	263	415	396	1341		Maxim. 1851—1900
1851—1900 Minim.	5	4	5	6	2	0	0	0	0	4	0	1	440		Minim. 1851—1900
1901	110	95	142	34	21	1	0	0	76	48	54	124	705	95	1901
1902	21	257	43	86	27	45	51	7	10	65	180	49	841	113	1902
1903	112	42	29	52	83	74	3	2	63	61	30	133	684	92	1903
1904	54	134	70	21	11	9	0	0	33	41	108	69	550	74	1904
1905	57	4	29	44	27	49	0	2	18	58	146	101	535	72	1905

Madrid

H = 655 m h_r = 0.3 m

Jahr	Jan.	Febr.	März	April	Mai	Juni	Juli	Aug.	Sept.	Okt.	Nov.	Dez.	Jahressumme in Millimetern	Jahressumme in Proz. des 50j. Mittels	Jahr
1851															1851
1852															1852
1853												89			1853
1854	43	0	1	79	20	58	9	6	31	33	16	2	298	73	1854
1855	34	124	18	38	45	1	1	20	133	138	24	14	590	144	1855
1856	153	15	60	39	9	26	0	0	21	1	3	10	337	82	1856
1857	5	29	22	10	87	10	0	34	14	51	108	14	384	93	1857
1858	6	30	18	3	14	1	11	55	8	16	66	4	232	56	1858
1859	8	10	12	20	67	48	9	14	0	105	39	30	362	88	1859
1860	23	1	5	64	16	23	2	2	38	0	57	70	301	73	1860
1861	21	28	11	30	37	30	13	0	2	80	45	76	373	91	1861
1862	18	40	63	29	82	41	0	7	48	6	39	27	400	97	1862
1863	40	3	14	4	74	81	1	11	9	75	3	1	316	77	1863
1864	59	23	73	54	48	40	13	9	7	74	38	69	507	123	1864
1865	38	10	7	78	64	47	2	5	51	65	105	47	519	126	1865
1866	18	42	73	37	106	66	0	2	42	66	4	34	490	119	1866
1867	81	21	111	6	25	8	4	4	33	7	48	22	370	90	1867
1868	4	9	9	24	28	23	15	9	86	29	42	60	338	82	1868
1869	14	17	5	8	63	18	7	39	25	23	2	38	259	63	1869
1870	40	66	13	11	23	0	0	30	15	25	64	48	335	82	1870
1871	24	14	31	2	68	26	10	13	54	46	78	54	420	102	1871
1872	53	68	28	44	18	10	5	0	2	82	25	50	385	94	1872
1873	11	14	108	16	26	52	34	6	1	35	30	6	339	82	1873
1874	15	23	3	28	40	56	7	6	11	44	63	31	327	80	1874
1875	14	48	24	24	34	9	21	3	23	41	28	17	286	70	1875
1876	27	24	24	3	34	39	0	13	3	40	104	82	393	96	1876
1877	43	0	34	47	38	26	4	6	135	22	39	37	431	105	1877
1878	2	15	19	49	28	12	1	4	9	68	81	45	333	81	1878
1879	49	32	34	55	4	1	0	6	26	62	72	51	392	95	1879
1880	5	34	51	73	83	5	5	51	7	92	38	14	458	111	1880
1881	142	47	73	74	23	26	18	2	4	33	13	6	461	112	1881
1882	0	28	13	18	84	8	16	0	69	29	9	86	360	88	1882
1883	59	24	67	53	56	34	0	3	5	50	55	17	423	103	1883
1884	17	28	26	185	32	9	8	15	89	63	15	30	517	126	1884
1885	48	62	155	47	10	67	119	16	26	19	106	23	698	170	1885
1886	71	20	64	146	49	9	12	25	38	52	61	57	604	147	1886
1887	11	6	52	30	39	23	11	23	34	33	130	64	456	111	1887
1888	45	16	102	116	55	9	15	0	92	60	56	55	621	151	1888
1889	44	43	37	47	36	106	5	0	1	41	10	2	372	91	1889
1890	17	25	38	63	59	19	2	55	29	3	1	72	383	93	1890
1891	9	0	71	7	42	25	4	0	67	61	65	24	375	91	1891
1892	51	79	91	58	38	20	0	8	14	83	13	8	463	113	1892
1893	21	34	47	74	41	65	4	41	64	35	48	43	517	126	1893
1894	30	17	44	67	70	37	5	13	69	73	20	37	482	117	1894
1895	107	142	32	52	24	59	0	14	85	41	24	34	614	149	1895
1896	2	27	3	0	84	33	6	8	0	36	41	79	319	78	1896
1897	118	8	12	35	34	39	0	1	21	84	114	43	509	124	1897
1898	25	0	45	3	23	46	7	1	64	34	36	1	285	69	1898
1899	25	48	28	4	23	36	8	78	3	68	14	49	384	93	1899
1900	28	65	20	14	35	26	2	34	46	13	25	5	313	76	1900
1854–1900* Summe	1718	1459	1891	1968	2038	1453	416	692	1654	2237	2117	1777	19420		Summe 1854–1900
1854–1900* Mittel	36.6	31.0	40.2	41.9	43.4	30.9	8.9	14.7	35.2	47.6	45.0	37.0	412.4		Mittel 1854–1900
1854–1900* Maxim.	153	142	155	185	106	106	119	78	135	138	130	89	698		Maxim. 1854–1900
1854–1900* Minim.	0	0	1	0	4	0	0	0	0	0	1	1	232		Minim. 1854–1900
1901	47	28	54	72	44	27	14	2	9	63	72	20	452	110	1901
1902	1	128	31	52	19	93	10	17	42	52	73	33	551	134	1902
1903	37	1	10	18	57	41	22	1	7	17	10	78	299	73	1903
1904	26	52	52	15	62	70	5	12	41	28	112	53	528	128	1904
1905	26	0	11	40	43	27	25	9	41	33	107	36	398	97	1905

* Mittel und Extreme des Dezember aus den Jahren 1853—1900.

Dijon

H = 239 m h_r = 1.5 m

Jahr	Jan.	Febr.	März	April	Mai	Juni	Juli	Aug.	Sept.	Okt.	Nov.	Dez.	Jahressumme in Millimetern	Jahressumme in Proz. des 50 j. Mittels	Jahr
1851	35	30	49	55	36	64	102	76	77	47	44	7	622	92	1851
1852	72	33	20	13	47	156	23	171	76	51	119	36	817	121	1852
1853	74	35	21	66	75	69	48	70	90	80	27	12	667	99	1853
1854	74	26	4	23	62	88	101	87	4	75	91	70	705	104	1854
1855	31	80	71	18	94	76	100	39	71	149	19	25	773	114	1855
1856	114	31	41	131	211	53	24	60	106	60	59	67	957	142	1856
1857	53	17	26	55	26	58	17	64	74	68	44	15	517	76	1857
1858	5	25	64	60	57	18	80	90	21	55	103	82	660	98	1858
1859	25	35	22	51	76	71	11	26	59	81	61	58	576	85	1859
1860	97	62	48	50	30	104	51	151	126	57	56	139	971	144	1860
1861	20	5	62	28	48	73	66	10	35	15	71	22	455	67	1861
1862	52	16	50	10	55	60	122	76	36	70	24	33	604	89	1862
1863	87	3	19	17	29	91	11	122	84	91	41	43	638	94	1863
1864	19	16	55	16	11	85	42	24	83	86	72	11	520	77	1864
1865	66	42	37	12	36	43	55	66	0	99	68	25	549	81	1865
1866	52	93	111	63	76	49	39	77	137	38	57	63	855	126	1866
1867	76	58	111	64	57	49	97	82	25	62	14	32	727	108	1867
1868	43	12	34	65	36	52	59	75	66	89	43	99	673	100	1868
1869	16	23	69	28	83	49	35	15	49	31	79	39	516	76	1869
1870	32	17	21	6	30	5	19	20	30	98	48	46	372	55	1870
1871	37	22	34	55	42	67	71	67	54	52	43	0	544	80	1871
1872	21	56	14	74	123	65	92	87	15	230	138	94	1009	149	1872
1873	71	35	66	46	54	62	58	82	52	93	88	6	713	105	1873
1874	22	22	11	18	22	125	73	19	35	51	65	65	528	78	1874
1875	77	24	12	31	33	105	95	63	52	82	65	12	651	96	1875
1876	18	69	96	69	25	93	21	75	85	15	63	73	702	104	1876
1877	35	43	134	68	96	59	86	51	23	65	61	52	773	114	1877
1878	33	22	25	104	119	72	21	78	7	99	68	69	717	106	1878
1879	78	82	24	115	56	67	88	64	91	46	78	58	847	125	1879
1880	14	51	19	89	41	89	62	149	82	154	29	48	827	122	1880
1881	55	46	30	77	68	52	23	59	76	77	18	33	614	91	1881
1882	7	12	25	38	55	101	135	48	101	91	97	97	807	119	1882
1883	52	48	21	37	54	87	73	17	74	52	61	48	624	92	1883
1884	33	35	4	32	98	37	77	68	92	23	15	83	597	88	1884
1885	19	53	69	70	75	37	56	81	76	131	64	31	762	113	1885
1886	51	27	39	45	73	89	52	24	41	83	110	138	772	114	1886
1887	29	5	39	34	106	31	61	59	50	78	82	68	642	95	1887
1888	19	31	91	80	24	174	84	44	14	37	125	45	768	114	1888
1889	27	80	52	90	47	122	44	35	35	122	38	17	709	105	1889
1890	39	13	30	66	101	40	40	125	46	37	71	13	621	92	1890
1891	36	1	70	33	61	93	38	24	73	108	102	58	697	103	1891
1892	54	68	42	15	47	74	63	32	36	135	43	47	656	97	1892
1893	33	66	7	5	10	78	74	23	39	193	35	35	598	88	1893
1894	32	17	37	21	40	44	66	16	34	82	49	28	466	69	1894
1895	95	12	51	27	29	166	59	37	0	108	121	82	787	116	1895
1896	10	2	83	29	0	127	45	40	105	174	22	118	755	112	1896
1897	21	52	67	69	25	58	52	94	40	14	19	72	583	86	1897
1898	5	50	29	26	70	88	38	42	18	66	67	32	531	79	1898
1899	100	10	28	84	37	83	50	61	55	48	20	62	638	94	1899
1900	90	52	31	25	36	16	115	80	68	33	86	51	683	101	1900
1851—1900 Summe	2256	1765	2215	2403	2842	3714	3014	3145	2818	3981	3083	2559	33795		Summe 1851—1900
1851—1900 Mittel	45.1	35.3	44.3	48.1	56.8	74.3	60.3	62.9	56.4	79.6	61.7	51.2	675.9		Mittel 1851—1900
1851—1900 Maxim.	114	93	134	131	211	174	135	171	137	230	138	139	1009		Maxim. 1851—1900
1851—1900 Minim.	5	1	4	5	0	5	11	10	0	14	14	0	372		Minim. 1851—1900
1901	38	26	78	140	82	62	84	70	135	102	12	87	916	136	1901
1902	57	54	88	40	39	80	72	109	28	72	50	30	719	107	1902
1903	26	5	42	81	40	88	41	76	17	93	42	32	583	86	1903
1904	14	111	15	17	56	64	36	33	64	16	25	33	484	72	1904
1905	63	22	52	25	38	38	29	77	95	26	149	27	641	95	1905

Paris (Hof des Observatoriums)

H = 58 m h$_r$ = 2 m

Jahr	Jan.	Febr.	März	April	Mai	Juni	Juli	Aug.	Sept.	Okt.	Nov.	Dez.	Jahressumme in Millimetern	Jahressumme in Proz. des 50 j. Mittels	Jahr
1851	42	21	77	75	36	13	87	28	29	46	44	18	516	96	1851
1852	65	18	35	23	70	73	36	56	75	87	60	54	652	121	1852
1853	81	18	29	70	50	46	47	72	33	55	12	10	523	97	1853
1854	45	24	2	28	80	195	104	47	14	74	64	59	736	137	1854
1855	29	37	45	9	90	52	41	39	12	61	28	22	465	87	1855
1856	46	8	35	59	135	51	57	56	72	29	55	34	637	119	1856
1857	63	15	25	57	57	74	14	64	76	58	12	18	533	99	1857
1858	15	13	54	41	47	40	95	65	20	12	54	63	519	97	1858
1859	28	18	18	51	40	73	31	26	78	108	46	74	591	110	1859
1860	75	42	41	36	62	39	92	77	83	56	32	63	698	130	1860
1861	6	28	54	28	32	78	108	9	43	17	52	24	479	89	1861
1862	35	9	70	23	51	55	43	57	55	76	21	44	539	100	1862
1863	45	9	28	11	30	47	25	23	59	86	48	45	456	85	1863
1864	24	21	43	11	31	69	10	30	50	33	66	10	398	74	1864
1865	66	47	35	12	72	18	66	26	53	60	66	12	533	99	1865
1866	55	54	56	73	51	50	70	84	99	19	34	40	685	128	1866
1867	43	41	72	59	77	40	73	58	40	33	19	28	583	109	1867
1868	48	7	21	80	25	42	20	75	51	75	21	75	540	101	1868
1869	33	8	58	32	105	25	40	11	51	31	59	40	493	92	1869
1870	33	14	16	4	44	2	41	41	35	100	53	30	413	77	1870
1871	17	35	19	60	34	116	73	44	61	36	10	16	521	97	1871
1872	59	29	23	36	71	44	65	48	31	67	128	85	686	128	1872
1873	37	59	40	45	45	120	42	42	55	73	35	5	598	111	1873
1874	30	18	9	19	24	42	55	28	60	54	39	69	447	83	1874
1875	62	8	7	10	20	72	68	66	35	61	70	18	497	93	1875
1876	12	52	64	20	18	65	17	74	84	40	51	45	542	101	1876
1877	74	48	74	63	76	22	65	39	44	43	56	50	654	122	1877
1878	24	13	35	74	70	74	30	70	16	114	68	50	638	119	1878
1879	43	45	26	77	39	48	65	53	31	24	12	10	473	88	1879
1880	10	39	4	52	5	70	71	40	46	99	40	53	529	99	1880
1881	59	25	40	49	34	39	33	57	91	27	31	26	511	95	1881
1882	9	19	33	65	28	32	43	41	64	56	115	67	572	107	1882
1883	53	29	14	23	35	43	60	34	73	71	58	21	514	96	1883
1884	28	37	21	19	38	45	24	44	31	16	18	67	388	72	1884
1885	15	41	44	45	32	74	11	31	52	104	51	58	558	104	1885
1886	44	20	45	30	74	104	30	80	23	75	43	88	656	122	1886
1887	20	1	22	27	69	23	65	77	38	36	46	45	469	87	1887
1888	16	29	75	41	29	68	71	44	19	18	48	27	485	90	1888
1889	26	53	25	54	84	42	30	38	13	70	29	32	496	92	1889
1890	53	4	27	37	58	33	79	54	44	15	60	18	482	90	1890
1891	22	4	59	54	58	67	59	30	32	51	44	57	537	100	1891
1892	21	52	45	14	7	39	44	56	28	143	47	40	536	100	1892
1893	28	59	7	0	49	36	69	15	37	70	37	56	463	86	1893
1894	48	25	24	39	27	30	60	56	88	31	23	30	481	90	1894
1895	36	4	32	34	29	28	64	42	0	59	56	52	436	81	1895
1896	20	5	54	17	5	84	30	*50*	*135*	151	46	72	669	125	1896
1897	30	50	63	75	29	90	35	77	37	11	11	45	553	103	1897
1898	17	59	52	17	90	55	18	42	17	43	59	21	490	91	1898
1899	76	6	11	53	38	37	46	28	77	27	16	48	463	86	1899
1900	*70*	75	19	19	46	29	34	47	24	34	67	40	504	94	1900
1851—1900 Summe	1936	1395	1827	1950	2446	2753	2556	2391	2414	2835	2260	2074	26837		Summe 1851—1900
1851—1900 Mittel	38.7	27.9	36.5	39.0	48.9	55.1	51.1	47.8	48.3	56.7	45.2	41.5	536.7		Mittel 1851—1900
1851—1900 Maxim.	81	75	77	80	135	195	108	84	*135*	151	128	88	736		Maxim. 1851—1900
1851—1900 Minim.	6	1	2	0	5	2	10	9	0	11	10	5	388		Minim. 1851—1900
1901	30	17	57	78	58	26	75	18	59	34	10	64	526	98	1901
1902	22	63	35	59	80	69	23	41	44	46	34	20	536	100	1902
1903	47	12	40	33	63	39	75	75	67	105	42	36	634	118	1903
1904	42	75	35	42	46	51	39	38	*70*	17	13	85	553	103	1904
1905	23	24	70	34	80	103	45	69	78	32	74	50	682	127	1905

Greenwich (Observatorium)

H = 47 m h_r = 0.13 m

Jahr	Jan.	Febr.	März	April	Mai	Juni	Juli	Aug.	Sept.	Okt.	Nov.	Dez.	Jahressumme in Millimetern	Jahressumme in Proz. des 50 j. Mittels	Jahr
1851	69	32	103	58	20	47	107	66	13	55	17	14	601	98	1851
1852	91	23	4	12	48	117	57	111	97	95	152	56	863	141	1852
1853	54	38	38	81	38	70	139	70	57	107	50	20	762	124	1853
1854	36	31	8	15	89	23	46	66	25	62	48	36	485	79	1854
1855	37	25	51	2	46	22	133	36	50	132	38	28	600	98	1855
1856	67	28	28	58	88	41	23	62	71	48	32	46	592	97	1856
1857	66	5	21	36	8	69	28	64	86	107	34	14	538	88	1857
1858	19	43	20	57	51	31	76	38	22	37	13	43	450	75	1858
1859	20	22	34	55	60	36	84	28	97	91	74	55	656	107	1859
1860	46	28	47	25	99	147	71	94	79	41	64	70	811	132	1860
1861	14	45	56	21	46	48	55	15	38	23	129	32	522	85	1861
1862	45	12	90	72	72	49	43	76	41	104	26	41	671	109	1862
1863	69	12	18	11	31	100	22	46	76	46	40	27	498	81	1863
1864	22	19	64	21	51	23	7	33	70	27	65	13	415	68	1864
1865	84	44	22	10	111	62	58	101	4	150	61	22	729	119	1865
1866	93	102	41	62	49	92	41	62	99	53	38	47	779	127	1866
1867	71	31	58	55	59	45	148	67	74	54	11	50	723	118	1867
1868	107	33	27	53	42	12	27	66	39	66	30	138	640	104	1868
1869	74	59	36	26	87	29	14	31	78	45	61	70	610	100	1869
1870	38	14	52	7	12	10	51	51	41	85	31	79	471	77	1870
1871	52	28	28	77	17	75	83	22	105	35	15	31	568	93	1871
1872	92	20	54	25	79	42	60	69	35	110	74	103	763	124	1872
1873	62	49	34	15	38	65	47	81	64	65	66	8	594	97	1873
1874	25	24	11	34	11	62	66	37	56	91	47	43	507	83	1874
1875	76	21	14	39	37	58	134	58	68	105	74	27	711	116	1875
1876	28	38	59	32	29	27	17	51	65	41	78	146	611	100	1876
1877	111	43	57	85	35	17	63	74	29	45	90	45	694	113	1877
1878	22	28	27	109	109	116	8	137	21	42	88	30	737	120	1878
1879	66	97	15	66	85	109	95	132	73	19	23	17	797	130	1879
1880	7	60	15	56	13	57	97	25	102	194	52	76	754	123	1880
1881	42	62	47	16	41	47	54	99	55	69	57	63	652	106	1881
1882	34	29	28	61	35	60	62	29	61	138	56	45	638	104	1882
1883	43	73	20	43	43	34	50	18	97	40	73	21	555	91	1883
1884	45	38	35	28	24	57	45	17	53	26	25	64	457	75	1884
1885	36	59	38	52	54	42	13	34	95	87	72	29	611	100	1885
1886	93	14	29	32	108	11	64	28	32	36	77	91	615	100	1886
1887	29	13	34	44	44	31	33	60	56	26	96	37	503	82	1887
1888	23	23	71	38	17	85	171	95	19	33	102	23	700	114	1888
1889	21	56	33	47	84	52	52	46	43	100	20	37	591	96	1889
1890	53	26	50	45	34	64	114	64	17	30	37	20	554	90	1890
1891	40	1	54	18	68	24	86	94	21	110	51	68	635	104	1891
1892	10	43	28	36	42	58	39	77	51	99	56	29	568	93	1892
1893	37	69	11	3	13	21	85	32	33	106	46	56	512	84	1893
1894	79	40	18	37	39	52	83	77	32	101	76	50	684	112	1894
1895	41	6	36	32	12	5	86	54	24	68	74	64	502	82	1895
1896	16	9	76	14	7	49	27	52	141	71	30	76	568	93	1896
1897	41	61	85	41	32	49	19	72	68	12	27	54	561	92	1897
1898	17	30	36	24	67	44	34	22	8	80	61	57	480	78	1898
1899	64	49	15	76	42	19	44	9	57	60	95	37	567	92	1899
1900	58	91	23	24	35	71	36	52	29	39	51	58	567	92	1900
1851—1900 Summe	2485	1846	1899	1986	2401	2576	3097	2900	2767	3506	2803	2406	30672		Summe 1851—1900
1851—1900 Mittel	49.7	36.9	38.0	39.7	48.0	51.5	61.9	58.0	55.3	70.1	56.1	48.1	613.3		Mittel 1851—1900
1851—1900 Maxim.	111	102	103	109	111	147	171	137	141	194	152	146	863		Maxim. 1851—1900
1851—1900 Minim.	7	1	4	2	7	5	7	9	4	12	11	8	415		Minim. 1851—1900
1901	19	22	55	46	45	38	44	52	34	66	17	77	515	84	1901
1902	16	20	34	11	85	78	28	74	42	31	33	38	490	80	1902
1903	54	35	56	47	49	154	134	122	57	113	49	32	902	147	1903
1904	64	65	34	25	49	22	57	31	34	44	42	57	524	85	1904
1905	25	18	90	43	33	110	23	64	59	23	79	15	582	95	1905

Stonyhurst in Lancashire

H = 115 m h_r = 0.4 m

Jahr	Jan.	Febr.	März	April	Mai	Juni	Juli	Aug.	Sept.	Okt.	Nov.	Dez.	Jahressumme in Millimetern	Jahressumme in Proz. des 50 j. Mittels	Jahr
1851	149	84	87	29	35	137	137	141	48	157	57	57	1118	93	1851
1852	207	195	9	12	68	93	83	137	112	147	160	209	1432	120	1852
1853	118	31	41	89	7	110	176	74	100	99	80	19	944	79	1853
1854	91	105	46	27	65	70	62	107	121	101	114	210	1119	94	1854
1855	31	21	76	65	47	123	118	80	41	228	29	46	905	76	1855
1856	64	148	12	69	78	137	87	123	99	34	59	154	1064	89	1856
1857	99	69	78	50	62	166	104	104	73	53	43	99	1000	84	1857
1858	97	8	71	72	88	47	96	86	148	156	61	116	1046	88	1858
1859	96	94	159	101	6	77	47	152	186	86	74	76	1154	96	1859
1860	128	44	148	42	101	156	44	154	84	189	68	84	1242	104	1860
1861	26	96	165	33	34	55	129	152	142	72	210	72	1186	99	1861
1862	98	30	114	107	127	119	133	118	90	194	63	124	1317	110	1862
1863	154	66	55	61	96	124	49	139	195	154	187	134	1414	118	1863
1864	80	112	90	43	71	126	55	80	106	58	126	70	1017	85	1864
1865	100	88	56	53	126	17	78	140	26	162	97	41	984	82	1865
1866	153	129	61	27	50	118	151	149	236	71	229	204	1578	132	1866
1867	108	106	35	144	51	52	132	85	120	130	53	127	1143	96	1867
1868	93	106	154	55	39	18	17	110	61	166	97	230	1146	96	1868
1869	94	224	35	71	87	52	27	99	242	102	204	149	1386	116	1869
1870	105	41	75	67	50	57	58	73	102	341	90	104	1163	97	1870
1871	44	116	50	92	46	86	206	53	107	168	53	99	1120	94	1871
1872	142	117	121	94	82	129	114	142	226	153	120	104	1544	129	1872
1873	158	21	87	21	73	102	123	163	72	222	99	61	1202	101	1873
1874	134	45	165	46	47	52	78	184	142	176	137	101	1307	109	1874
1875	131	36	32	41	75	114	145	96	150	97	149	66	1132	95	1875
1876	79	153	118	69	16	118	136	110	137	77	56	138	1207	101	1876
1877	156	137	112	70	71	74	127	170	114	166	165	170	1532	128	1877
1878	130	54	68	42	118	86	30	179	161	138	96	52	1154	97	1878
1879	39	69	64	40	60	122	172	196	86	105	33	91	1077	90	1879
1880	22	95	81	51	72	122	178	57	101	76	187	234	1276	107	1880
1881	12	161	126	51	142	70	148	158	55	86	133	121	1263	106	1881
1882	103	86	137	144	71	154	200	135	79	119	206	95	1529	128	1882
1883	141	75	26	52	27	110	77	88	169	146	134	125	1170	98	1883
1884	191	99	70	25	59	29	132	67	95	101	38	163	1069	89	1884
1885	89	78	96	44	53	100	61	66	143	145	97	69	1041	87	1885
1886	184	27	93	92	158	75	128	60	126	131	101	167	1342	112	1886
1887	81	47	76	47	71	13	59	57	146	54	63	79	793	66	1887
1888	69	37	91	58	23	63	218	155	68	63	147	75	1067	89	1888
1889	66	83	103	53	74	53	77	173	130	86	65	115	1078	90	1889
1890	152	22	111	39	65	114	107	177	138	132	209	14	1280	107	1890
1891	80	16	49	54	79	38	80	251	127	99	115	221	1209	101	1891
1892	107	88	27	53	144	119	47	183	136	138	95	99	1236	103	1892
1893	46	146	43	21	62	61	128	155	183	200	116	125	1286	108	1893
1894	117	172	99	49	80	92	110	213	20	107	90	130	1279	107	1894
1895	71	14	111	67	13	87	135	132	52	146	95	153	1076	90	1895
1896	85	68	180	80	19	92	66	84	180	106	39	137	1136	95	1896
1897	32	106	137	77	89	123	70	195	146	69	148	119	1311	110	1897
1898	162	119	81	55	91	71	30	181	44	105	129	153	1221	102	1898
1899	183	55	98	109	87	45	76	60	232	78	83	104	1210	101	1899
1900	154	87	17	90	45	71	80	156	77	197	110	141	1225	103	1900
1851—1900 Summe	5251	4226	4236	3043	3400	4439	5121	6399	5974	6386	5409	5846	59730		Summe 1851—1900
1851—1900 Mittel	105.0	84.5	84.7	60.9	68.0	88.8	102.4	128.0	119.5	127.7	108.2	116.9	1194.6		Mittel 1851—1900
1851—1900 Maxim.	207	224	180	144	158	166	218	251	242	341	229	234	1578		Maxim. 1851—1900
1851—1900 Minim.	12	8	9	12	6	13	17	53	20	34	29	14	793		Minim. 1851—1900
1901	74	54	89	64	20	53	47	85	33	117	208	145	989	83	1901
1902	123	36	95	63	78	32	91	97	31	130	52	103	931	79	1902
1903	134	117	127	74	84	60	119	163	153	274	117	75	1497	125	1903
1904	100	101	70	98	76	36	54	133	32	94	130	80	1004	84	1904
1905	75	68	88	94	16	78	90	104	111	120	107	33	984	82	1905

Edinburgh (Charlotte Square)

H = 70 m h$_r$ = 0.2 m

Jahr	Jan.	Febr.	März	April	Mai	Juni	Juli	Aug.	Sept.	Okt.	Nov.	Dez.	Jahressumme in Millimetern	Jahressumme in Proz. des 50 j. Mittels	Jahr
1851	73	15	84	52	14	55	76	108	36	26	23	17	579	86	1851
1852	83	51	16	11	49	71	48	109	56	55	87	164	800	119	1852
1853	45	40	11	15	25	175	64	84	46	83	19	41	648	96	1853
1854	77	16	26	9	62	80	47	34	22	37	77	45	532	79	1854
1855	20	32	27	14	48	63	99	72	11	66	36	31	519	77	1855
1856	62	58	6	49	79	76	51	90	131	18	36	68	724	108	1856
1857	39	12	52	47	43	100	34	57	118	31	60	42	635	94	1857
1858	37	26	40	18	41	68	100	56	51	103	41	37	618	92	1858
1859	59	37	75	70	5	52	82	19	44	87	69	60	659	98	1859
1860	101	41	44	14	46	91	31	62	80	72	71	194	847	126	1860
1861	19	37	59	37	19	69	88	93	121	59	102	26	729	108	1861
1862	97	23	118	34	94	71	69	94	53	87	51	71	862	128	1862
1863	87	31	19	52	41	89	17	88	67	56	49	56	652	97	1863
1864	32	54	79	29	54	31	55	20	86	175	46	53	714	106	1864
1865	58	43	25	8	93	11	81	87	14	101	41	40	602	89	1865
1866	63	89	47	35	38	32	85	69	75	31	69	58	691	103	1866
1867	143	43	30	69	94	71	144	67	39	38	19	32	789	117	1867
1868	92	53	50	83	46	12	9	109	83	54	37	98	726	108	1868
1869	72	68	20	26	67	44	19	19	110	38	36	46	565	84	1869
1870	43	145	28	11	33	57	42	33	47	45	18	61	563	84	1870
1871	32	61	27	116	21	48	71	65	65	62	73	41	682	101	1871
1872	92	51	84	43	88	80	91	83	147	86	91	53	989	147	1872
1873	59	35	41	5	69	31	71	115	113	78	63	37	717	107	1873
1874	44	18	44	23	38	41	85	124	45	62	79	53	656	97	1874
1875	70	30	23	17	19	51	83	29	68	59	125	46	620	92	1875
1876	20	87	78	87	26	66	31	86	102	59	92	171	905	134	1876
1877	131	47	42	76	56	48	116	212	32	64	51	35	910	135	1877
1878	65	13	15	36	69	61	19	102	71	46	74	56	627	93	1878
1879	33	45	58	56	44	131	147	62	42	23	47	35	723	107	1879
1880	12	38	39	81	19	39	86	10	70	81	85	70	630	94	1880
1881	25	71	38	27	42	45	81	144	88	50	61	46	718	107	1881
1882	31	38	58	64	67	71	95	37	45	67	72	125	770	114	1882
1883	57	26	27	36	18	46	108	81	57	52	34	25	567	84	1883
1884	96	27	41	20	69	15	112	58	57	25	33	71	624	93	1884
1885	29	44	38	48	54	10	22	62	61	33	36	10	447	66	1885
1886	76	31	43	31	104	38	73	19	62	91	39	56	663	99	1886
1887	15	24	38	25	43	7	53	43	107	34	85	28	502	75	1887
1888	41	34	81	33	20	64	144	46	13	28	107	22	633	94	1888
1889	15	20	15	64	46	32	93	128	20	86	17	31	567	84	1889
1890	81	23	33	18	40	71	58	86	55	63	116	37	681	101	1890
1891	13	3	69	7	38	12	68	112	102	44	35	114	617	92	1891
1892	23	47	27	25	68	70	25	115	26	85	34	25	570	85	1892
1893	14	59	8	39	33	50	64	74	35	71	34	53	534	79	1893
1894	51	162	31	39	71	67	53	89	8	76	28	42	717	107	1894
1895	41	5	69	25	25	68	116	111	21	81	63	54	679	101	1895
1896	15	21	34	22	11	82	106	45	95	89	13	57	590	88	1896
1897	17	28	59	20	41	81	38	79	35	26	44	55	523	78	1897
1898	21	22	30	49	52	32	36	89	53	84	85	49	602	89	1898
1899	85	36	52	64	99	81	41	18	102	25	74	82	759	113	1899
1900	86	91	27	34	34	72	74	144	47	124	138	113	984	146	1900
1851—1900 Summe	2692	2151	2125	1913	2415	2928	3501	3838	3134	3116	2915	2932	33660		Summe 1851—1900
1851—1900 Mittel	53.8	43.0	42.5	38.3	48.3	58.6	70.0	76.8	62.7	62.3	58.3	58.6	673.2		Mittel 1851—1900
1851—1900 Maxim.	143	162	118	116	104	175	147	212	147	175	138	194	989		Maxim. 1851—1900
1851—1900 Minim.	12	3	6	5	5	7	9	10	8	18	13	10	447		Minim. 1851—1900
1901	62	29	52	33	48	58	42	91	27	47	87	71	647	96	1901
1902	29	24	26	38	73	62	63	41	39	33	13	52	493	73	1902
1903	109	97	99	36	33	32	102	77	51	147	33	29	845	126	1903
1904	63	63	30	49	94	38	*33*	*127*	46	23	22	62	650	97	1904
1905	15	30	66	37	20	25	38	60	44	51	86	33	505	75	1905

Rothesay an der Clyde-Mündung

H = 35 m h_r = 0.3 m

Jahr	Jan.	Febr.	März	April	Mai	Juni	Juli	Aug.	Sept.	Okt.	Nov.	Dez.	Jahressumme in Millimetern	Jahressumme in Proz. des 50 j. Mittels	Jahr
1851	224	104	158	36	28	94	117	160	38	127	41	71	1198	98	1851
1852	208	158	20	36	69	114	122	76	33	76	132	259	1303	107	1852
1853	183	61	38	51	28	84	112	89	94	208	119	25	1092	90	1853
1854	178	102	69	28	91	130	58	86	76	173	84	213	1288	106	1854
1855	18	25	102	66	62	86	51	145	53	132	43	93	876	72	1855
1856	74	104	15	53	104	152	69	114	69	86	76	160	1076	88	1856
1857	132	94	114	84	76	61	64	64	76	91	109	127	1092	90	1857
1858	94	28	71	94	130	132	109	81	81	140	43	155	1158	95	1858
1859	140	142	163	112	10	38	91	122	185	84	104	102	1293	106	1859
1860	145	117	142	51	89	119	56	135	64	145	81	81	1225	101	1860
1861	127	84	160	5	43	89	104	267	160	132	152	107	1430	117	1861
1862	208	69	84	89	145	97	155	109	74	211	84	188	1513	124	1862
1863	163	74	58	125	104	102	5	158	147	119	109	175	1339	110	1863
1864	86	76	127	56	41	81	81	43	152	66	147	76	1032	84	1864
1865	142	107	66	20	64	33	53	188	25	127	97	127	1049	86	1865
1866	264	122	107	43	64	64	91	193	155	107	130	152	1492	122	1866
1867	99	58	53	175	81	51	107	117	107	147	38	94	1127	93	1867
1868	193	150	188	102	81	43	36	140	51	158	140	173	1455	119	1868
1869	175	152	41	56	10	56	102	33	208	41	160	178	1212	100	1869
1870	104	140	31	56	84	53	53	43	76	152	84	91	967	79	1870
1871	102	178	104	102	23	91	104	102	64	117	122	137	1246	102	1871
1872	224	142	97	25	86	216	130	140	226	125	208	165	1784	146	1872
1873	180	43	58	3	76	10	211	170	132	203	97	79	1262	104	1873
1874	127	46	99	66	48	25	51	114	180	211	152	43	1162	95	1874
1875	191	36	53	30	51	64	58	91	107	152	102	91	1026	84	1875
1876	40	145	152	58	24	113	90	139	73	173	73	195	1275	105	1876
1877	197	161	85	94	73	129	139	163	53	187	222	230	1733	142	1877
1878	157	83	65	79	86	86	19	101	121	196	37	48	1078	89	1878
1879	78	60	99	56	85	200	133	148	211	82	48	79	1279	105	1879
1880	68	104	87	92	30	68	63	46	86	20	150	158	972	80	1880
1881	12	129	149	45	68	138	139	115	96	67	174	146	1278	105	1881
1882	116	87	105	64	70	130	204	105	140	139	216	142	1518	125	1882
1883	159	155	61	65	79	79	67	130	82	152	200	152	1381	113	1883
1884	183	139	91	36	98	32	147	115	81	148	112	171	1353	111	1884
1885	95	117	66	79	75	49	78	62	217	107	83	87	1115	92	1885
1886	119	60	96	53	75	39	75	71	132	99	131	114	1064	87	1886
1887	105	70	58	60	30	40	80	95	115	60	83	102	898	74	1887
1888	86	36	95	84	116	80	128	93	63	60	153	108	1102	90	1888
1889	90	84	50	66	85	34	58	161	61	102	84	125	1000	82	1889
1890	175	27	104	50	97	147	103	84	167	113	215	28	1310	108	1890
1891	81	20	99	42	49	66	38	162	120	137	117	166	1097	90	1891
1892	118	65	31	47	156	101	89	210	167	91	151	92	1318	108	1892
1893	63	108	52	74	69	35	129	93	88	167	95	122	1095	90	1893
1894	187	199	66	57	71	81	110	113	3	85	122	111	1205	99	1894
1895	36	17	85	81	17	67	116	172	36	109	151	122	1009	83	1895
1896	76	78	156	71	20	89	144	84	105	67	48	141	1079	89	1896
1897	35	86	104	67	78	161	86	136	108	65	83	127	1136	93	1897
1898	74	106	43	86	62	92	67	138	145	95	130	146	1184	97	1898
1899	173	76	95	125	87	58	140	67	147	93	117	163	1341	110	1899
1900	148	98	9	81	107	74	130	117	111	167	142	191	1375	113	1900
1851—1900 Summe	6452	4722	4321	3276	3495	4273	4762	5900	5361	6111	5791	6428	60892		Summe 1851—1900
1851—1900 Mittel	129.0	94.4	86.4	65.5	69.9	85.5	95.2	118.0	107.2	122.2	115.8	128.6	1217.7		Mittel 1851—1900
1851—1900 Maxim.	264	199	188	175	156	216	211	267	226	211	222	259	1784		Maxim. 1851—1900
1851—1900 Minim.	12	17	9	3	10	10	5	33	3	20	37	25	876		Minim. 1851—1900
1901	94	52	57	104	50	103	34	152	107	142	114	111	1120	92	1901
1902	106	51	76	49	70	45	121	94	130	70	126	121	1059	87	1902
1903	159	145	155	48	77	54	120	241	94	246	98	124	1561	128	1903
1904	154	135	75	138	92	62	87	142	147	86	116	122	1356	111	1904
1905	117	119	138	88	58	38	89	147	102	114	143	98	1251	103	1905

Gütersloh

H = 77 m h_r = 2.4 m, seit 1887 = 1.1 m

Jahr	Jan.	Febr.	März	April	Mai	Juni	Juli	Aug.	Sept.	Okt.	Nov.	Dez.	Jahressumme in Millimetern	Jahressumme in Proz. des 50 j. Mittels	Jahr
1851	32	25	103	53	84	89	118	70	67	34	72	17	764	106	1851
1852	67	133	33	18	61	68	96	45	77	102	63	62	825	114	1852
1853	88	29	29	84	58	90	92	46	66	63	9	20	674	93	1853
1854	46	60	28	26	83	146	40	77	30	87	63	171	857	118	1854
1855	35	28	49	45	70	81	189	50	16	88	26	32	709	98	1855
1856	45	53	9	56	105	53	57	107	65	20	95	43	708	98	1856
1857	40	3	47	60	51	31	87	56	32	14	29	36	486	67	1857
1858	53	5	24	19	42	23	145	49	36	35	29	54	514	71	1858
1859	49	52	100	79	14	84	51	92	66	59	75	58	779	108	1859
1860	59	61	88	27	89	92	42	117	86	64	35	*53*	813	112	1860
1861	48	19	107	23	60	164	70	61	85	3	92	22	754	104	1861
1862	84	37	43	32	45	128	80	64	34	80	41	98	766	106	1862
1863	72	25	46	37	12	136	22	50	60	21	61	101	643	89	1863
1864	33	40	55	41	49	119	57	77	62	28	44	1	606	84	1864
1865	70	44	49	8	38	52	61	85	13	51	36	14	521	72	1865
1866	40	68	25	89	69	32	89	89	69	10	123	121	824	114	1866
1867	85	76	36	147	97	28	164	33	47	82	36	99	930	128	1867
1868	76	61	58	61	36	63	34	73	27	82	60	108	739	102	1868
1869	39	87	36	12	96	27	16	115	54	62	127	72	743	103	1869
1870	45	8	41	21	42	93	53	165	52	104	28	93	745	103	1870
1871	23	41	25	90	28	161	91	41	73	65	34	49	721	100	1871
1872	32	45	33	38	87	44	160	65	44	104	92	70	814	112	1872
1873	53	29	22	40	84	80	85	74	52	63	33	22	637	88	1873
1874	36	14	85	6	57	46	30	53	68	48	57	64	564	78	1874
1875	80	32	37	43	60	139	60	73	37	54	111	66	792	109	1875
1876	15	100	131	43	28	69	109	81	119	38	76	78	887	123	1876
1877	97	112	72	32	50	46	114	80	68	68	59	66	864	119	1877
1878	88	35	81	29	116	69	65	115	35	25	67	53	778	107	1878
1879	72	59	29	41	92	121	136	53	53	55	64	45	820	113	1879
1880	23	64	45	26	23	208	85	50	62	113	73	187	959	132	1880
1881	47	79	131	21	32	40	56	173	53	65	34	67	798	110	1881
1882	34	38	59	39	45	195	94	94	63	41	109	90	901	124	1882
1883	35	37	30	7	39	41	106	43	71	38	91	86	624	86	1883
1884	79	20	26	31	46	58	82	52	32	63	57	107	653	90	1884
1885	30	39	33	20	61	48	38	61	56	90	59	22	557	77	1885
1886	57	22	44	18	28	54	71	49	*27*	*47*	*45*	*81*	*543*	75	1886
1887	7	10	48	26	72	30	83	29	72	67	33	66	*543*	75	1887
1888	35	64	118	50	20	28	134	58	30	89	55	32	713	98	1888
1889	18	72	48	43	125	27	140	84	67	39	35	51	749	103	1889
1890	101	8	40	48	75	65	117	101	12	82	136	4	789	109	1890
1891	66	11	80	64	35	104	134	75	17	34	26	92	738	102	1891
1892	82	55	41	25	38	69	39	50	71	56	27	59	612	85	1892
1893	30	92	50	4	38	16	80	51	63	101	63	41	629	87	1893
1894	33	68	39	26	22	101	94	116	78	87	45	74	783	108	1894
1895	83	19	58	47	85	35	96	75	12	77	61	94	742	102	1895
1896	52	15	82	54	24	73	125	112	86	52	26	23	724	100	1896
1897	34	45	70	48	107	49	52	71	81	20	39	45	661	91	1897
1898	34	98	65	49	101	56	119	47	17	38	17	66	707	98	1898
1899	94	30	25	84	84	21	103	13	130	20	50	41	695	96	1899
1900	87	57	19	51	52	142	75	58	21	104	37	106	809	112	1900
1851—1900 Summe	2663	2324	2672	2081	2955	3834	4336	3618	2714	2932	2855	3222	36206		Summe 1851—1900
Mittel	53.3	46.5	53.4	41.6	59.1	76.7	86.7	72.4	54.3	58.6	57.1	64.4	724.1		Mittel
Maxim.	101	133	131	147	125	208	189	173	130	113	136	187	959		Maxim.
Minim.	7	3	9	4	12	16	16	13	12	3	9	1	486		Minim.
1901	51	44	52	87	35	38	71	48	113	74	129	67	809	112	1901
1902	83	38	56	36	121	66	101	97	53	94	7	100	852	118	1902
1903	41	42	41	93	65	21	132	71	73	79	83	23	764	106	1903
1904	49	118	44	41	69	62	22	37	42	40	77	60	661	91	1904
1905	58	36	80	69	12	64	99	65	64	124	36	37	744	103	1905

Berlin

H = 35 m h_r = 2.6 m, seit 1880 = 1 m

Jahr	Jan.	Febr.	März	April	Mai	Juni	Juli	Aug.	Sept.	Okt.	Nov.	Dez.	Jahressumme in Millimetern	Jahressumme in Proz. des 50 j. Mittels	Jahr
1851	22	14	69	68	52	44	57	44	53	57	118	25	623	107	1851
1852	49	67	14	23	89	124	38	80	54	41	39	55	673	116	1852
1853	51	51	36	66	39	132	81	55	28	37	10	16	602	104	1853
1854	39	33	9	25	46	117	90	89	30	21	26	104	629	108	1854
1855	21	43	38	38	63	48	169	76	8	48	28	45	625	108	1855
1856	25	47	8	30	56	61	31	76	32	11	61	35	473	81	1856
1857	29	11	25	57	16	31	47	36	16	26	24	44	362	62	1857
1858	44	12	28	5	116	65	229	97	29	70	18	33	746	128	1858
1859	29	44	68	71	63	51	34	50	51	22	47	41	571	98	1859
1860	47	72	62	36	58	42	172	97	22	48	30	45	731	126	1860
1861	57	18	59	28	89	88	74	57	90	16	71	34	681	117	1861
1862	65	71	25	63	24	83	133	17	33	48	18	72	652	112	1862
1863	33	16	62	35	16	142	25	29	97	18	14	80	567	98	1863
1864	16	54	35	37	66	81	63	88	36	34	33	3	546	94	1864
1865	46	25	57	13	42	69	52	76	8	49	57	19	513	88	1865
1866	25	58	49	34	61	52	47	97	59	1	90	104	677	117	1866
1867	63	66	35	96	49	43	89	16	28	47	29	86	647	111	1867
1868	53	54	50	71	7	18	73	32	34	32	68	104	596	103	1868
1869	26	41	25	15	38	49	26	109	67	51	102	61	610	105	1869
1870	35	13	35	23	50	78	58	154	51	134	28	51	710	122	1870
1871	34	52	19	62	36	138	76	23	40	37	22	32	571	98	1871
1872	45	18	33	52	53	41	24	24	37	61	81	43	512	88	1872
1873	25	12	43	14	53	49	92	43	45	31	41	48	496	85	1873
1874	39	16	63	30	46	46	28	50	20	14	22	56	430	74	1874
1875	88	22	28	24	71	63	45	32	25	128	71	33	630	108	1875
1876	20	86	134	32	13	63	47	32	70	17	59	65	638	110	1876
1877	63	124	39	18	34	36	48	119	49	37	29	35	631	109	1877
1878	42	15	98	38	45	69	70	75	25	22	21	37	557	96	1878
1879	69	71	51	58	15	40	74	51	22	35	60	27	573	99	1879
1880	22	28	14	24	15	101	66	42	54	73	39	111	589	101	1880
1881	25	30	77	5	38	55	47	74	47	53	34	30	515	89	1881
1882	29	23	48	26	59	89	188	66	76	33	85	41	763	131	1882
1883	29	11	5	11	53	16	99	52	30	78	46	61	491	85	1883
1884	51	25	28	41	30	59	93	41	22	102	44	70	606	104	1884
1885	23	19	44	65	36	62	53	88	48	73	32	30	573	99	1885
1886	39	9	31	41	65	35	54	21	16	31	34	53	429	74	1886
1887	6	11	41	20	145	35	83	20	29	28	42	41	501	86	1887
1888	39	45	120	26	21	34	92	32	28	90	62	22	611	105	1888
1889	15	72	40	17	26	60	74	85	55	98	4	21	567	98	1889
1890	60	7	20	32	39	94	69	55	7	65	64	9	521	90	1890
1891	47	7	39	45	66	88	145	52	75	16	39	58	677	117	1891
1892	59	16	24	4	56	42	84	38	50	17	13	70	473	81	1892
1893	31	85	38	1	23	26	75	25	40	72	83	24	523	90	1893
1894	16	65	38	39	49	94	44	127	42	51	20	45	630	108	1894
1895	48	21	46	29	31	49	29	50	23	71	56	51	504	87	1895
1896	28	9	51	41	22	118	87	61	83	51	10	32	593	102	1896
1897	36	21	66	36	79	12	131	52	79	26	18	30	586	101	1897
1898	35	53	66	60	59	51	98	10	22	39	6	42	541	93	1898
1899	69	18	28	38	108	39	98	13	80	13	31	38	573	99	1899
1900	48	33	27	49	33	102	42	32	28	41	50	35	520	90	1900
1851—1900 Summe	1955	1834	2188	1812	2459	3224	3843	2860	2093	2314	2129	2347	29058		Summe 1851—1900
1851—1900 Mittel	39.1	36.7	43.8	36.2	49.2	64.5	76.9	57.2	41.9	46.3	42.6	46.9	581.3		Mittel 1851—1900
1851—1900 Maxim.	88	124	134	96	145	142	229	154	97	134	118	111	763		Maxim. 1851—1900
1851—1900 Minim.	6	7	5	1	7	12	24	10	7	1	4	3	362		Minim. 1851—1900
1901	33	14	23	49	39	28	59	35	53	50	77	54	514	89	1901
1902	50	19	75	106	61	60	60	78	57	30	1	41	638	110	1902
1903	32	50	15	52	54	33	57	58	52	69	60	11	543	93	1903
1904	29	47	17	38	68	36	35	35	50	38	45	46	484	83	1904
1905	34	39	41	55	33	66	73	78	94	85	53	34	685	118	1905

Königsberg i. Pr.

H = 20 m h_r = 2.6 m, seit 1887 = 1.5 m

Jahr	Jan.	Febr.	März	April	Mai	Juni	Juli	Aug.	Sept.	Okt.	Nov.	Dez.	Jahressumme in Millimetern	Jahressumme in Proz. des 50 j. Mittels	Jahr
1851	34	45	72	31	66	86	63	97	82	74	82	83	815	127	1851
1852	46	64	23	16	15	89	7	58	52	81	75	76	602	94	1852
1853	29	64	22	55	68	36	102	168	64	20	19	23	670	105	1853
1854	53	65	26	17	72	43	50	42	170	72	53	55	718	112	1854
1855	74	11	63	13	97	41	90	64	83	87	11	24	658	103	1855
1856	39	27	11	19	51	143	43	96	39	37	82	54	641	100	1856
1857	30	13	21	45	31	14	37	24	65	24	24	47	375	59	1857
1858	67	4	10	12	18	12	35	51	23	68	10	18	328	51	1858
1859	26	36	34	26	37	48	29	30	59	52	58	18	453	71	1859
1860	23	15	21	28	17	53	83	116	57	79	42	31	565	88	1860
1861	10	14	21	16	23	32	105	128	145	1	136	15	646	101	1861
1862	23	5	42	31	26	107	75	36	45	51	2	38	481	75	1862
1863	28	18	31	17	39	60	82	40	107	36	55	65	578	90	1863
1864	17	27	42	18	73	85	71	131	72	89	69	5	699	109	1864
1865	34	3	26	16	39	58	57	126	20	32	53	23	487	76	1865
1866	42	42	46	19	46	54	86	38	72	37	84	45	611	95	1866
1867	53	60	18	69	62	33	121	85	90	92	94	61	838	131	1867
1868	44	61	9	53	33	55	29	55	39	97	77	63	615	96	1868
1869	16	31	19	11	42	45	55	57	127	75	80	48	606	95	1869
1870	16	7	14	21	47	54	22	60	55	75	36	25	432	67	1870
1871	18	43	25	54	26	103	138	50	62	43	24	52	638	100	1871
1872	28	10	27	23	86	77	34	92	121	62	67	17	644	101	1872
1873	39	15	26	39	65	14	51	54	99	48	47	56	553	86	1873
1874	56	25	52	24	44	23	41	135	57	32	41	29	559	87	1874
1875	67	10	46	23	54	69	33	48	62	50	36	47	545	85	1875
1876	21	40	79	19	26	45	47	123	181	53	55	45	734	115	1876
1877	37	34	39	18	49	27	46	132	121	64	34	25	626	98	1877
1878	45	21	54	26	81	89	90	149	35	51	38	44	723	113	1878
1879	30	64	12	38	39	30	125	106	9	73	85	17	628	98	1879
1880	30	38	18	48	34	73	127	97	101	106	73	86	831	130	1880
1881	29	11	20	22	12	49	26	74	79	25	52	17	416	65	1881
1882	44	37	44	31	126	74	52	45	100	34	115	47	749	117	1882
1883	29	22	25	25	43	54	125	104	102	70	53	83	735	115	1883
1884	78	50	24	86	62	78	60	48	31	91	28	96	732	114	1884
1885	11	21	37	12	67	63	186	114	152	75	48	41	827	129	1885
1886	33	11	11	20	56	77	78	54	75	36	30	36	517	81	1886
1887	15	15	20	68	101	45	24	82	118	87	42	63	680	106	1887
1888	40	40	61	27	36	57	123	132	39	51	57	48	711	111	1888
1889	32	86	45	64	32	69	142	59	124	47	30	10	740	116	1889
1890	46	11	13	37	22	92	154	95	46	179	72	16	783	122	1890
1891	75	17	40	29	60	51	69	126	93	16	78	66	720	113	1891
1892	70	26	37	49	47	53	123	40	47	73	17	66	648	101	1892
1893	17	46	29	11	25	38	96	103	94	102	87	51	699	109	1893
1894	25	52	35	40	22	64	38	45	77	46	31	42	517	81	1894
1895	38	31	54	43	32	73	92	105	65	142	52	35	762	119	1895
1896	14	43	61	38	52	56	53	66	72	22	46	42	565	88	1896
1897	23	52	59	60	103	28	91	41	131	40	36	32	696	109	1897
1898	52	45	30	49	72	64	135	41	85	38	48	86	745	116	1898
1899	63	38	42	42	78	90	33	89	60	73	98	61	767	120	1899
1900	42	23	42	28	8	77	126	43	91	98	44	67	689	108	1900
1851—1900 Summe	1851	1589	1678	1626	2462	2950	3800	3994	3995	3106	2706	2240	31997		Summe 1851—1900
1851—1900 Mittel	37.0	31.8	33.6	32.5	49.2	59.0	76.0	79.9	79.9	62.1	54.1	44.8	639.9		Mittel 1851—1900
1851—1900 Maxim.	78	86	79	86	126	143	186	168	181	179	136	96	838		Maxim. 1851—1900
1851—1900 Minim.	10	3	9	11	8	12	7	24	9	1	2	5	328		Minim. 1851—1900
1901	22	56	27	37	21	95	23	97	55	44	106	94	677	106	1901
1902	102	22	34	21	46	73	87	94	59	41	8	36	623	97	1902
1903	88	45	25	91	51	36	25	197	24	69	90	21	762	119	1903
1904	25	60	23	50	56	48	57	71	12	69	59	84	614	96	1904
1905	48	30	16	66	48	69	125	93	91	144	78	39	847	132	1905

Görlitz

H = 210 m h_r = 1.9 m, seit 1887 = 1.0 m

Jahr	Jan.	Febr.	März	April	Mai	Juni	Juli	Aug.	Sept.	Okt.	Nov.	Dez.	Jahressumme in Millimetern	Jahressumme in Proz. des 50 j. Mittels	Jahr
1851	26	12	64	83	67	46	85	55	127	47	118	40	770	117	1851
1852	36	104	22	19	102	91	55	179	145	28	62	24	867	132	1852
1853	36	43	36	75	41	105	57	103	89	46	15	11	657	100	1853
1854	33	68	33	25	75	119	86	111	21	22	68	115	776	118	1854
1855	45	44	38	36	95	66	125	86	27	23	32	21	638	97	1855
1856	27	57	12	21	71	147	39	101	23	4	71	30	603	91	1856
1857	19	15	25	50	12	12	99	90	51	11	16	29	429	65	1857
1858	29	24	12	9	82	22	204	166	10	52	19	29	658	100	1858
1859	23	33	77	69	79	66	29	82	65	25	35	38	621	94	1859
1860	20	47	35	20	32	55	198	68	57	44	20	32	628	95	1860
1861	40	*11*	*34*	29	75	112	132	85	104	3	59	30	*714*	108	1861
1862	62	74	34	19	51	85	91	92	27	27	9	60	631	96	1862
1863	27	34	85	44	74	137	31	40	62	21	42	101	698	106	1863
1864	17	19	13	65	56	50	60	52	109	29	15	1	486	74	1864
1865	37	12	42	9	27	61	94	172	5	38	23	19	539	82	1865
1866	22	47	35	32	51	60	84	48	29	6	68	62	544	83	1866
1867	48	60	31	95	112	52	127	29	18	55	38	58	723	110	1867
1868	33	61	51	70	30	35	37	68	13	61	66	72	597	91	1868
1869	16	51	44	39	77	120	23	65	48	60	98	62	703	107	1869
1870	29	4	31	49	32	97	50	119	59	76	19	62	627	95	1870
1871	15	49	22	66	50	108	93	15	28	40	28	20	534	81	1871
1872	10	19	37	83	99	72	34	78	42	52	53	34	613	93	1872
1873	17	41	11	23	93	37	34	94	57	67	69	33	576	87	1873
1874	39	13	81	62	38	27	53	72	31	26	40	72	554	84	1874
1875	56	36	36	19	42	87	137	41	41	121	95	57	768	117	1875
1876	26	90	73	36	13	40	59	33	90	23	39	68	590	89	1876
1877	73	86	75	36	46	21	137	70	67	43	11	35	700	106	1877
1878	67	24	128	46	50	75	60	175	22	47	33	29	756	115	1878
1879	32	53	45	35	95	83	85	76	34	33	78	34	683	104	1879
1880	41	23	52	29	84	104	102	119	37	109	44	90	834	126	1880
1881	16	20	89	15	37	77	61	95	86	40	20	25	581	88	1881
1882	18	30	18	62	107	87	156	83	108	54	57	63	843	128	1882
1883	30	26	25	16	36	99	137	114	75	30	32	56	676	103	1883
1884	69	10	38	51	36	144	91	12	27	98	29	58	663	101	1884
1885	7	20	38	37	46	53	66	97	75	48	49	50	586	89	1885
1886	46	12	33	115	91	97	138	26	35	43	37	39	712	108	1886
1887	7	17	45	45	148	64	39	56	37	21	61	26	566	86	1887
1888	45	36	82	57	54	70	78	126	68	64	36	18	734	111	1888
1889	15	61	63	78	50	85	105	66	94	97	12	7	733	111	1889
1890	50	5	17	80	18	128	109	116	52	41	76	4	696	106	1890
1891	48	14	55	46	67	78	199	45	40	17	39	59	707	107	1891
1892	55	44	27	23	63	60	53	21	63	29	12	50	500	76	1892
1893	39	78	47	6	75	42	60	41	42	66	56	14	566	86	1893
1894	6	55	98	59	85	72	79	88	54	71	11	23	701	106	1894
1895	56	24	54	44	54	47	81	76	35	53	27	83	634	96	1895
1896	33	18	49	37	58	64	114	79	55	50	19	27	603	91	1896
1897	27	42	50	81	119	27	183	98	79	16	32	17	721	109	1897
1898	50	66	40	87	101	77	104	20	45	59	30	41	720	109	1898
1899	56	17	17	71	166	53	107	79	110	21	34	44	775	118	1899
1900	63	83	50	45	46	76	142	30	27	65	46	64	737	112	1900
1851—1900 Summe	1737	1932	2249	2298	3308	3692	4602	3952	2745	2222	2098	2136	32971		Summe 1851—1900
1851—1900 Mittel	34.7	38.6	45.0	46.0	66.2	73.8	92.0	79.0	54.9	44.4	42.0	42.7	659.3		Mittel 1851—1900
1851—1900 Maxim.	69	104	128	115	166	147	204	179	145	121	118	115	867		Maxim. 1851—1900
1851—1900 Minim.	6	4	11	6	12	12	23	12	5	3	9	1	429		Minim. 1851—1900
1901	31	41	91	48	51	80	32	126	43	67	67	80	757	115	1901
1902	66	12	61	37	66	117	52	80	52	40	3	77	663	101	1902
1903	24	63	18	82	84	33	74	91	39	68	75	30	681	103	1903
1904	20	50	14	81	24	23	28	15	42	43	84	48	472	72	1904
1905	62	53	28	49	51	77	119	83	78	67	39	32	738	112	1905

Genf

H = 405 m h_r = 1.65 m

Jahr	Jan.	Febr.	März	April	Mai	Juni	Juli	Aug.	Sept.	Okt.	Nov.	Dez.	Jahressumme in Millimetern	Jahressumme in Proz. des 50 j. Mittels	Jahr
1851	51	26	72	58	50	4	135	96	86	105	32	5	720	85	1851
1852	46	20	8	10	57	99	59	214	187	165	128	39	1032	121	1852
1853	60	20	17	62	151	71	85	64	116	132	36	13	827	97	1853
1854	21	7	1	22	62	125	103	72	0	108	79	52	652	77	1854
1855	34	143	44	21	99	69	76	57	110	278	62	32	1025	121	1855
1856	126	28	62	91	298	73	69	60	117	21	31	65	1041	122	1856
1857	31	18	26	44	55	51	19	90	61	82	41	19	537	63	1857
1858	5	19	27	62	83	17	140	90	72	73	79	61	728	86	1858
1859	38	20	32	95	57	99	16	15	46	123	72	71	684	81	1859
1860	98	34	36	35	25	96	55	142	214	57	146	104	1042	123	1860
1861	0	22	62	22	25	152	155	13	119	96	89	26	781	92	1861
1862	86	41	102	34	54	87	45	89	83	84	17	38	760	89	1862
1863	87	4	51	45	31	165	5	108	234	72	27	28	857	101	1863
1864	13	16	30	33	64	107	35	82	79	65	97	4	625	74	1864
1865	46	53	29	17	76	71	48	129	3	146	65	33	716	84	1865
1866	47	87	157	71	134	43	94	86	112	38	68	67	1004	118	1866
1867	105	40	157	137	118	63	28	60	91	91	6	19	915	108	1867
1868	39	4	64	56	74	28	59	62	133	90	56	155	820	96	1868
1869	37	62	45	34	96	72	35	32	66	35	62	54	630	74	1869
1870	16	31	33	10	21	14	62	106	60	197	128	51	729	86	1870
1871	56	15	32	78	10	83	106	43	91	81	41	6	642	76	1871
1872	93	86	30	88	133	81	119	119	22	233	76	59	1139	134	1872
1873	55	26	87	38	59	73	82	72	64	81	68	10	715	84	1873
1874	13	15	16	60	75	94	64	73	21	47	73	102	653	77	1874
1875	76	16	17	26	50	105	180	105	22	174	101	11	883	104	1875
1876	5	72	126	141	41	84	19	143	107	15	90	86	929	109	1876
1877	41	58	75	60	222	47	90	102	22	60	133	45	955	112	1877
1878	40	14	23	121	148	114	47	228	21	149	60	122	1087	128	1878
1879	46	80	15	75	88	62	179	65	64	44	52	36	806	95	1879
1880	11	41	5	79	41	145	40	86	156	156	72	47	879	103	1880
1881	57	45	41	60	88	38	47	133	138	106	87	44	884	104	1881
1882	12	17	38	106	88	104	82	89	159	114	130	141	1080	127	1882
1883	47	33	26	42	50	66	154	32	143	100	61	63	817	96	1883
1884	34	39	1	28	78	33	98	52	69	30	18	59	539	63	1884
1885	7	88	34	67	74	52	20	64	207	158	54	26	851	100	1885
1886	72	46	59	55	80	39	95	63	35	141	176	120	981	115	1886
1887	16	1	88	35	80	44	51	128	81	46	121	79	770	91	1887
1888	15	73	90	107	50	78	133	68	62	211	87	26	1000	118	1888
1889	13	89	36	58	81	195	106	78	48	287	31	28	1050	124	1889
1890	65	27	36	50	143	94	56	219	65	56	69	30	910	107	1890
1891	13	1	80	73	129	68	69	59	87	171	194	63	1007	118	1891
1892	40	100	88	41	40	72	106	66	73	126	47	30	829	98	1892
1893	32	94	28	8	46	70	62	33	125	79	71	44	692	81	1893
1894	43	11	27	93	166	43	120	62	66	112	75	32	850	100	1894
1895	97	81	69	55	48	55	65	63	17	121	179	88	938	110	1895
1896	8	0	88	62	15	171	137	119	129	289	60	113	1191	140	1896
1897	29	67	97	74	23	45	44	159	123	1	15	57	734	86	1897
1898	14	50	77	74	139	130	34	30	20	141	134	18	861	101	1898
1899	105	10	2	138	73	65	91	40	74	142	19	33	792	93	1899
1900	114	92	40	49	73	36	70	169	89	47	69	82	930	109	1900
1851—1900 Summe	2255	2082	2526	3000	4061	3892	3889	4429	4389	5576	3784	2636	42519		Summe 1851—1900
1851—1900 Mittel	45.1	41.6	50.5	60.0	81.2	77.8	77.8	88.6	87.8	111.5	75.7	52.7	850.3		Mittel 1851—1900
1851—1900 Maxim.	126	143	157	141	298	195	180	228	234	289	194	155	1191		Maxim. 1851—1900
1851—1900 Minim.	0	0	1	8	10	4	5	13	0	1	6	4	537		Minim. 1851—1900
1901	39	30	66	147	24	80	132	134	117	68	38	91	966	114	1901
1902	54	123	121	112	58	47	48	153	115	97	47	37	1012	119	1902
1903	42	32	44	67	82	75	102	136	20	161	59	82	902	106	1903
1904	27	130	23	33	76	120	22	62	83	28	23	57	684	80	1904
1905	26	5	92	50	70	36	18	189	150	40	109	53	838	99	1905

Modena

H = 64 m h₁ = 41 m

Jahr	Jan.	Febr.	März	April	Mai	Juni	Juli	Aug.	Sept.	Okt.	Nov.	Dez.	Jahressumme in Millimetern	Jahressumme in Proz. des 50 j. Mittels	Jahr
1851	56	53	58	84	102	25	51	64	76	123	143	0	835	122	1851
1852	24	30	24	137	30	30	85	32	94	100	64	27	677	99	1852
1853	39	86	157	44	170	95	0	29	93	142	82	90	1027	149	1853
1854	25	15	4	74	93	32	9	48	54	91	66	109	620	90	1854
1855	25	135	133	147	30	92	64	14	97	49	177	21	984	143	1855
1856	96	33	59	116	65	8	76	6	97	125	50	76	807	117	1856
1857	109	5	68	77	48	40	19	43	63	132	37	5	646	94	1857
1858	34	18	51	29	70	66	48	94	39	184	63	129	825	120	1858
1859	2	14	5	9	129	54	59	44	82	89	118	85	690	100	1859
1860	51	98	11	96	77	58	37	13	34	7	101	102	685	100	1860
1861	25	85	49	16	90	26	12	11	25	37	27	20	423	62	1861
1862	91	50	76	57	48	94	2	66	180	124	182	29	999	145	1862
1863	78	1	52	10	68	29	124	11	10	91	87	15	576	84	1863
1864	8	155	74	78	77	73	53	28	30	38	205	70	889	129	1864
1865	6	26	76	39	94	30	45	21	0	47	96	21	501	73	1865
1866	29	36	70	95	49	39	5	14	126	107	14	2	586	85	1866
1867	58	13	70	13	39	126	12	108	140	106	44	77	806	117	1867
1868	34	1	24	47	29	52	106	101	89	117	30	39	669	97	1868
1869	28	22	139	50	69	81	13	61	153	95	46	232	989	144	1869
1870	16	48	39	23	4	62	40	153	4	39	69	130	627	91	1870
1871	138	21	43	38	15	44	1	35	6	59	156	4	560	82	1871
1872	16	43	49	52	39	80	28	61	7	266	22	94	757	110	1872
1873	43	54	12	81	41	21	27	9	22	150	81	13	554	81	1873
1874	12	69	7	51	117	41	35	30	13	13	36	118	542	79	1874
1875	19	44	37	31	53	91	88	30	12	127	56	86	674	98	1875
1876	47	18	83	84	99	86	88	78	39	85	58	41	806	117	1876
1877	51	6	36	66	61	70	10	38	6	4	68	76	492	72	1877
1878	20	1	25	54	27	49	11	34	100	143	140	87	691	101	1878
1879	44	89	66	119	124	8	9	2	54	47	47	28	637	93	1879
1880	1	23	3	122	178	42	13	105	25	14	93	5	624	91	1880
1881	153	25	44	40	82	68	1	63	100	132	10	26	744	108	1881
1882	36	14	46	39	22	18	32	16	97	140	18	67	545	79	1882
1883	49	38	48	14	41	78	2	37	47	8	35	13	410	60	1883
1884	14	6	75	65	51	100	20	65	74	52	4	48	574	84	1884
1885	84	12	75	114	23	74	6	29	104	69	130	26	746	109	1885
1886	122	11	23	52	6	78	1	82	20	108	52	40	595	87	1886
1887	33	33	24	39	105	128	82	7	33	128	126	168	906	132	1887
1888	5	79	34	22	26	12	11	12	51	66	52	40	410	60	1888
1889	35	40	53	58	51	52	55	5	73	199	54	34	709	103	1889
1890	39	2	10	68	45	24	65	40	30	26	69	57	475	69	1890
1891	84	8	26	50	75	30	31	27	27	72	46	15	491	71	1891
1892	81	95	91	49	137	23	72	61	23	47	32	18	729	106	1892
1893	107	23	4	8	79	57	132	28	41	45	122	32	678	99	1893
1894	83	1	30	103	88	16	25	38	87	78	48	25	622	91	1894
1895	86	48	65	115	93	48	84	4	0	127	42	104	816	119	1895
1896	5	74	6	67	114	94	45	224	8	129	170	76	1012	147	1896
1897	102	3	19	29	82	38	71	12	87	107	13	107	670	98	1897
1898	13	36	70	83	70	81	117	29	61	117	130	16	823	120	1898
1899	41	8	27	97	42	40	52	1	79	66	6	84	543	79	1899
1900	90	49	59	36	46	107	20	53	45	41	105	18	669	97	1900
1851—1900 Summe	2487	1897	2429	3087	3413	2810	2094	2216	2857	4508	3722	2845	34365		Summe 1851—1900
1851—1900 Mittel	49.7	37.9	48.6	61.7	68.3	56.2	41.9	44.3	57.1	90.2	74.4	56.9	687.2		Mittel 1851—1900
1851—1900 Maxim.	153	155	157	147	178	128	132	224	180	266	205	232	1027		Maxim. 1851—1900
1851—1900 Minim.	1	1	3	8	4	8	0	1	0	4	4	0	410		Minim. 1851—1900
1901	19	45	83	18	77	74	100	63	116	277	57	93	1022	149	1901
1902	74	121	33	42	72	40	0	28	4	118	63	21	616	90	1902
1903	15	1	64	40	42	145	14	7	85	79	65	123	680	99	1903
1904	51	63	153	94	62	27	4	64	68	68	36	66	756	110	1904
1905	74	111	76	41	112	108	36	32	66	101	141	11	909	132	1905

Genua

H = 48 m h_r = ? m

Jahr	Jan.	Febr.	März	April	Mai	Juni	Juli	Aug.	Sept.	Okt.	Nov.	Dez.	Jahressumme in Millimetern	Jahressumme in Proz. des 50 j. Mittels	Jahr
1851	145	191	35	70	139	61	76	45	269	279	212	22	1544	118	1851
1852	44	70	21	47	42	28	106	84	185	135	265	238	1265	97	1852
1853	144	255	137	37	138	116	3	20	93	495	160	63	1661	127	1853
1854	126	1	2	66	66	53	13	26	13	202	129	232	929	71	1854
1855	44	246	152	64	68	69	1	29	172	283	134	44	1306	100	1855
1856	353	96	64	175	134	37	34	42	186	152	60	202	1535	118	1856
1857	91	35	80	141	82	30	5	50	310	252	88	30	1194	92	1857
1858	19	18	126	134	47	14	113	94	37	290	245	109	1246	96	1858
1859	80	107	19	29	156	63	7	62	103	363	100	151	1240	95	1859
1860	113	34	6	146	95	102	19	2	168	18	289	257	1249	96	1860
1861	47	224	30	8	8	30	11	5	136	140	71	9	719	55	1861
1862	64	93	224	25	92	207	0	61	98	166	306	57	1393	107	1862
1863	233	9	199	21	91	99	15	11	147	221	75	74	1195	92	1863
1864	11	123	57	42	31	46	3	90	25	410	161	204	1203	92	1864
1865	47	49	161	7	25	25	21	87	4	426	258	159	1269	97	1865
1866	46	188	295	286	96	28	7	45	75	53	21	9	1149	88	1866
1867	230	220	197	59	86	5	49	114	134	144	277	51	1566	120	1867
1868	35	34	85	46	26	21	71	126	423	204	360	225	1656	127	1868
1869	76	105	119	23	41	51	7	14	107	61	117	185	906	70	1869
1870	81	148	52	6	32	118	8	284	13	62	382	166	1352	104	1870
1871	114	49	37	49	81	54	3	21	97	25	378	77	985	76	1871
1872	288	119	127	86	81	36	71	68	28	776	426	646	2752	211	1872
1873	90	121	73	200	39	42	2	8	36	316	193	8	1128	87	1873
1874	82	261	61	175	63	41	31	29	80	277	26	114	1240	95	1874
1875	109	132	38	81	31	161	170	49	41	341	68	57	1278	97	1875
1876	103	21	229	243	38	190	21	97	53	72	293	231	1591	122	1876
1877	81	18	237	146	157	31	32	0	49	42	240	50	1083	83	1877
1878	17	4	130	99	45	101	39	48	112	200	265	140	1200	92	1878
1879	76	177	174	245	199	5	3	3	160	5	186	72	1305	100	1879
1880	33	166	45	104	60	132	46	106	204	77	167	34	1174	90	1880
1881	132	49	90	80	92	45	0	121	94	158	359	73	1293	99	1881
1882	64	45	68	58	36	12	53	29	441	305	65	172	1348	103	1882
1883	221	128	168	205	96	76	14	32	97	70	145	42	1294	99	1883
1884	19	103	31	123	119	90	68	26	193	72	15	55	914	70	1884
1885	123	255	90	130	29	61	18	81	165	183	150	22	1307	100	1885
1886	146	6	75	41	85	236	6	87	20	361	264	188	1515	116	1886
1887	157	18	47	97	107	162	11	2	83	190	426	99	1399	107	1887
1888	14	208	141	64	53	102	65	16	118	32	241	370	1424	109	1888
1889	60	14	187	254	81	203	11	8	41	302	118	89	1368	105	1889
1890	123	39	191	192	96	8	22	37	146	9	103	93	1059	81	1890
1891	11	38	200	122	149	16	40	13	58	285	184	116	1232	95	1891
1892	90	325	208	32	108	60	59	55	48	358	100	2	1445	111	1892
1893	42	283	21	31	118	65	152	81	195	29	110	220	1347	103	1893
1894	161	9	41	59	123	29	8	1	13	144	282	1	871	67	1894
1895	236	73	119	136	62	95	49	5	5	230	70	164	1244	95	1895
1896	14	2	18	17	76	245	78	180	30	358	147	254	1419	109	1896
1897	278	13	46	26	75	7	93	45	121	142	118	205	1169	90	1897
1898	171	62	138	253	113	60	55	13	84	224	184	35	1392	107	1898
1899	253	61	80	93	84	23	88	37	91	198	103	100	1211	93	1899
1900	112	147	234	51	101	41	35	86	164	74	474	77	1596	122	1900
1851—1900 Summe	5449	5192	5405	4924	4092	3632	1912	2675	5765	10211	9610	6293	65160		Summe 1851—1900
1851—1900 Mittel	109.0	103.8	108.1	98.5	81.8	72.6	38.2	53.5	115.3	204.2	192.2	125.9	1303.1		Mittel 1851—1900
1851—1900 Maxim.	353	325	295	286	199	245	170	284	441	776	474	646	2752		Maxim. 1851—1900
1851—1900 Minim.	11	1	2	6	8	5	0	0	4	5	15	1	719		Minim. 1851—1900
1901	6	87	395	155	106	53	210	38	282	192	86	294	1904	146	1901
1902	63	239	52	144	119	48	1	24	30	207	422	64	1413	109	1902
1903	205	107	38	207	122	250	58	10	106	378	149	237	1867	143	1903
1904	44	188	181	35	4	31	33	68	192	20	66	107	969	74	1904
1905	2	80	167	170	190	180	87	110	233	59	355	66	1699	130	1905

Rom (Collegio Romano)

H = 50 m h_r = 46.5 m, seit 1856 = 38.2 m

Jahr	Jan.	Febr.	März	April	Mai	Juni	Juli	Aug.	Sept.	Okt.	Nov.	Dez.	Jahressumme in Millimetern	Jahressumme in Proz. des 50 j. Mittels	Jahr
1851	16	19	65	29	57	29	14	44	166	41	318	5	803	94	1851
1852	98	37	38	37	33	1	31	69	65	89	35	20	553	65	1852
1853	69	173	109	68	27	114	2	44	41	89	88	139	963	113	1853
1854	61	24	15	26	92	16	13	9	37	51	316	95	755	89	1854
1855	93	78	134	50	44	83	0	8	83	110	103	58	844	99	1855
1856	118	57	46	74	115	13	10	12	70	57	60	174	806	94	1856
1857	126	16	72	88	46	8	7	44	51	217	89	20	784	92	1857
1858	41	100	71	27	38	56	9	68	52	154	157	111	884	104	1858
1859	14	47	45	17	126	40	14	54	31	117	82	133	720	84	1859
1860	169	91	54	156	83	14	19	1	32	27	151	173	970	114	1860
1861	89	99	55	50	31	41	32	2	98	106	63	11	677	79	1861
1862	83	77	57	32	44	28	0	65	136	109	223	96	950	111	1862
1863	117	0	76	9	117	1	0	15	20	339	168	83	945	111	1863
1864	41	137	99	7	84	27	0	0	77	148	169	143	932	109	1864
1865	99	59	136	2	4	39	13	4	18	135	147	34	690	81	1865
1866	45	20	135	74	40	22	0	8	35	84	39	24	526	62	1866
1867	153	22	76	21	9	19	13	105	46	183	22	72	741	87	1867
1868	127	6	37	58	63	93	80	34	134	122	126	37	917	108	1868
1869	13	22	154	57	1	22	12	29	66	81	83	182	722	85	1869
1870	58	97	24	62	25	67	37	11	15	71	122	227	816	96	1870
1871	112	37	111	42	33	49	0	1	18	40	197	22	662	78	1871
1872	93	87	115	76	60	48	3	31	91	238	105	102	1049	123	1872
1873	66	111	36	119	33	14	0	0	80	288	99	9	855	100	1873
1874	49	40	20	100	106	0	38	28	100	112	129	151	873	102	1874
1875	48	73	165	93	1	113	21	18	156	322	151	73	1234	145	1875
1876	87	86	53	83	69	50	22	47	28	20	74	128	747	88	1876
1877	60	24	95	77	21	74	12	12	34	91	68	155	723	85	1877
1878	43	9	57	44	1	19	20	6	113	199	373	138	1022	120	1878
1879	75	134	38	184	148	0	0	2	50	94	28	29	782	92	1879
1880	18	47	37	85	88	7	0	62	45	53	92	5	539	63	1880
1881	199	17	46	76	106	68	0	7	106	238	13	95	971	114	1881
1882	53	8	33	58	27	20	23	27	195	137	54	111	746	87	1882
1883	109	77	127	106	50	85	1	5	102	33	34	57	786	92	1883
1884	57	32	47	110	76	87	1	53	202	73	53	150	941	110	1884
1885	205	58	69	172	40	32	3	41	49	129	141	15	954	112	1885
1886	151	84	35	88	38	32	13	8	37	90	56	170	802	94	1886
1887	108	47	84	72	41	30	30	30	187	102	121	152	1004	118	1887
1888	63	155	95	65	57	4	19	42	52	111	80	47	790	93	1888
1889	114	105	107	160	23	31	11	3	52	310	123	101	1140	134	1889
1890	40	20	172	69	85	31	37	2	49	120	151	88	864	101	1890
1891	197	0	59	58	48	102	0	20	57	144	68	72	825	97	1891
1892	143	129	110	95	33	6	6	25	118	119	69	119	972	114	1892
1893	69	37	0	1	43	17	113	44	1	18	273	60	676	79	1893
1894	155	1	96	76	36	3	0	0	55	40	63	126	651	76	1894
1895	134	115	85	65	70	87	0	0	6	158	81	130	931	110	1895
1896	15	43	37	109	70	15	2	80	22	328	139	163	1023	120	1896
1897	126	43	53	54	37	3	55	39	49	124	90	181	854	100	1897
1898	25	68	160	68	65	16	1	18	34	84	246	74	859	101	1898
1899	52	19	31	58	50	79	67	27	146	207	52	111	899	105	1899
1900	116	97	122	92	110	56	45	81	83	257	329	84	1472	173	1900
1851—1900 Summe	4412	2984	3793	3499	2744	1911	849	1385	3590	6609	6113	4755	42644		Summe 1851—1900
1851—1900 Mittel	88.2	59.7	75.9	70.0	54.9	38.2	17.0	27.7	71.5	132.2	122.3	95.1	852.9		Mittel 1851—1900
1851—1900 Maxim.	205	173	172	184	148	114	113	105	202	339	373	227	1472		Maxim. 1851—1900
1851—1900 Minim.	13	0	0	1	1	0	0	0	1	18	13	5	526		Minim. 1851—1900
1901	18	136	122	25	97	37	6	8	226	147	49	184	1055	124	1901
1902	41	163	52	63	91	22	4	2	9	238	122	43	850	100	1902
1903	85	40	79	66	39	134	12	0	18	83	160	274	990	116	1903
1904	63	111	105	62	19	74	63	26	73	105	49	87	837	98	1904
1905	61	134	71	83	134	98	38	41	36	63	259	26	1044	122	1905

Neapel (Capodimonte, Specola Reale)

H = 149 m h_r = 11.7 m, 1854—63 = 10.9 m, 1864—65 = 3 m, seitdem = 13.5 m

Jahr	Jan.	Febr.	März	April	Mai	Juni	Juli	Aug.	Sept.	Okt.	Nov.	Dez.	Jahressumme in Millimetern	Jahressumme in Proz. des 50 j. Mittels	Jahr
1851	63	17	45	24	52	11	7	91	50	115	352	5	832	97	1851
1852	98	92	71	45	14	18	20	3	100	70	55	42	628	74	1852
1853	51	188	146	29	32	29	1	24	59	59	82	236	936	110	1853
1854	99	24	22	32	112	23	52	9	14	106	258	100	851	100	1854
1855	46	46	111	45	107	91	0	20	169	49	211	131	1026	120	1855
1856	63	66	69	76	108	2	9	7	187	44	120	143	894	105	1856
1857	236	5	94	49	39	27	19	43	67	198	36	14	827	97	1857
1858	41	146	81	33	67	47	30	91	43	143	157	85	964	113	1858
1859	0	24	38	72	37	45	35	63	122	97	94	145	772	90	1859
1860	126	163	92	160	61	1	60	3	30	48	139	227	1110	130	1860
1861	114	133	80	70	26	20	0	11	19	17	61	46	597	70	1861
1862	147	45	115	7	43	58	0	36	67	31	302	115	966	113	1862
1863	67	5	84	16	32	2	0	26	20	181	97	105	635	74	1863
1864	29	114	89	14	130	38	2	11	112	52	118	164	873	102	1864
1865	104	96	210	4	0	58	8	0	63	127	179	139	988	116	1865
1866	48	39	74	26	53	14	5	5	79	135	74	32	584	68	1866
1867	104	14	19	28	8	8	44	74	30	168	39	166	702	82	1867
1868	189	5	70	80	28	171	147	20	157	214	176	24	1281	150	1868
1869	37	48	126	81	1	11	32	29	40	143	74	274	896	105	1869
1870	93	109	48	28	18	88	18	27	0	72	189	197	887	104	1870
1871	177	62	65	10	42	58	0	9	58	76	208	48	813	95	1871
1872	72	51	61	32	41	24	10	22	91	213	120	78	815	95	1872
1873	73	176	50	129	72	31	0	16	18	82	183	41	871	102	1873
1874	47	118	51	109	189	0	38	17	41	150	149	204	1113	130	1874
1875	56	57	100	80	3	25	11	42	68	226	166	86	920	108	1875
1876	66	49	55	50	29	30	29	23	33	55	104	202	725	85	1876
1877	47	73	134	85	26	26	0	3	96	209	93	125	917	107	1877
1878	97	17	112	27	25	13	24	30	155	91	199	256	1046	122	1878
1879	103	66	29	170	101	1	1	0	46	59	56	18	650	76	1879
1880	38	22	17	106	68	16	0	21	14	47	34	24	407	48	1880
1881	145	38	35	32	94	53	3	20	162	157	34	107	880	103	1881
1882	102	13	51	62	41	17	33	8	141	203	72	114	857	100	1882
1883	65	46	186	58	64	34	1	25	111	87	73	56	806	94	1883
1884	76	15	76	82	43	50	16	74	33	106	52	193	816	96	1884
1885	134	74	42	154	28	49	11	50	75	161	167	47	992	116	1885
1886	124	142	57	84	106	25	0	64	24	73	67	149	915	107	1886
1887	182	67	22	47	23	1	7	8	55	114	149	152	827	97	1887
1888	49	151	56	46	25	7	9	61	78	70	52	15	619	72	1888
1889	66	70	140	95	73	40	26	4	147	209	82	169	1121	131	1889
1890	53	11	117	79	52	13	4	3	79	99	129	170	809	95	1890
1891	151	5	34	98	48	20	4	1	95	142	76	107	781	91	1891
1892	94	90	85	63	28	6	11	15	93	145	50	164	844	99	1892
1893	87	106	16	5	68	24	56	9	45	106	261	105	888	104	1893
1894	143	1	66	106	46	3	0	13	85	51	84	98	696	81	1894
1895	176	141	116	166	95	12	5	2	3	70	66	174	1026	120	1895
1896	26	58	42	128	94	33	8	33	26	197	192	120	957	112	1896
1897	194	31	54	53	62	3	12	7	44	103	10	64	637	75	1897
1898	40	113	114	21	56	7	11	28	72	87	128	81	758	89	1898
1899	75	30	18	67	25	116	15	40	76	118	31	243	854	100	1899
1900	83	89	105	146	110	70	21	18	35	100	210	82	1069	125	1900
1851—1900 Summe	4596	3361	3790	3309	2745	1569	855	1259	3527	5675	6110	5882	42678		Summe 1851—1900
1851—1900 Mittel	91.9	67.2	75.8	66.2	54.9	31.4	17.1	25.2	70.5	113.5	122.2	117.6	853.5		Mittel 1851—1900
1851—1900 Maxim.	236	188	210	170	189	171	147	91	187	226	352	274	1281		Maxim. 1851—1900
1851—1900 Minim.	0	1	16	4	0	0	0	0	0	17	10	5	407		Minim. 1851—1900
1901	24	81	75	35	80	18	3	30	109	173	103	178	909	107	1901
1902	66	103	76	66	80	8	0	9	82	172	158	67	887	104	1902
1903	95	67	50	68	31	145	6	0	19	130	138	196	945	111	1903
1904	72	61	60	82	16	25	18	25	107	157	109	98	830	97	1904
1905	67	129	63	64	68	121	37	11	85	191	96	23	955	112	1905

Triest

H = 26 m h_r = 26.5 m, seit 1903 = 1.2 m

Jahr	Jan.	Febr.	März	April	Mai	Juni	Juli	Aug.	Sept.	Okt.	Nov.	Dez.	Jahressumme in Millimetern	Jahressumme in Proz. des 50 j. Mittels	Jahr
1851	0	14	100	133	175	14	206	136	176	117	352	0	1423	130	1851
1852	81	41	9	10	141	96	133	90	165	352	116	105	1339	123	1852
1853	129	187	99	228	105	81	66	106	65	203	84	124	1477	135	1853
1854	53	14	23	114	150	94	63	95	47	114	90	56	913	84	1854
1855	68	214	92	36	139	146	105	86	246	217	200	55	1604	147	1855
1856	304	108	113	108	157	130	82	63	217	14	160	125	1581	145	1856
1857	45	5	43	61	90	49	29	85	124	114	93	24	762	70	1857
1858	8	29	46	89	114	9	152	121	52	153	88	92	953	87	1858
1859	5	45	14	83	162	108	29	141	206	269	66	102	1230	113	1859
1860	82	70	29	145	47	74	63	32	80	87	89	141	939	86	1860
1861	39	78	127	40	107	127	42	26	85	11	168	21	871	80	1861
1862	69	37	120	102	58	94	29	84	95	204	185	81	1158	106	1862
1863	80	1	118	50	99	72	19	32	75	162	100	36	844	77	1863
1864	25	165	75	80	87	201	81	103	240	38	30	65	1190	109	1864
1865	99	7	71	26	34	49	29	84	1	151	106	18	675	62	1865
1866	70	107	141	136	95	38	75	74	116	36	47	47	982	90	1866
1867	191	14	95	36	81	108	50	88	123	162	99	54	1101	101	1867
1868	25	0	38	63	7	45	79	98	273	89	55	108	880	81	1868
1869	53	61	98	90	68	85	80	58	94	244	48	192	1171	107	1869
1870	109	33	8	19	14	170	73	208	37	264	198	85	1218	112	1870
1871	62	10	18	31	227	136	33	30	72	86	92	20	817	75	1871
1872	78	61	83	70	54	147	36	89	161	320	134	157	1390	127	1872
1873	75	67	42	146	78	104	58	20	160	234	93	30	1107	101	1873
1874	46	64	31	36	122	110	116	119	18	82	39	123	906	83	1874
1875	26	0	0	48	63	47	144	147	84	228	112	73	972	89	1875
1876	25	121	150	108	182	204	60	207	165	14	63	171	1470	135	1876
1877	72	109	140	139	89	125	75	31	213	6	69	89	1157	106	1877
1878	38	4	62	66	94	112	148	60	209	221	178	108	1300	119	1878
1879	123	180	112	162	80	37	33	76	64	50	46	46	1009	92	1879
1880	0	89	1	28	94	159	99	121	164	131	239	117	1242	114	1880
1881	80	24	114	108	62	100	34	63	194	153	2	19	953	87	1881
1882	12	17	97	75	83	72	53	145	250	140	87	104	1135	104	1882
1883	16	61	84	21	89	98	138	10	97	46	126	32	818	75	1883
1884	26	16	31	100	43	235	52	122	117	93	25	85	945	87	1884
1885	68	73	44	125	131	91	83	206	203	300	105	29	1458	134	1885
1886	99	22	102	38	23	274	34	97	61	70	96	190	1106	101	1886
1887	33	0	64	12	159	36	44	71	159	242	152	104	1076	99	1887
1888	5	96	169	60	31	161	62	60	67	136	59	40	946	87	1888
1889	13	60	79	125	38	256	127	69	134	282	144	18	1345	123	1889
1890	21	0	60	64	82	142	46	78	18	149	93	53	806	74	1890
1891	13	0	84	134	76	75	90	76	126	103	120	59	956	88	1891
1892	114	90	83	203	96	111	127	61	57	185	57	23	1207	111	1892
1893	46	79	8	7	94	102	110	16	159	93	123	55	892	82	1893
1894	53	3	31	130	80	110	49	104	44	99	56	68	827	76	1894
1895	73	89	92	71	85	22	64	83	20	139	13	101	852	78	1895
1896	12	3	71	17	155	163	129	230	167	263	60	113	1383	127	1896
1897	99	35	116	80	163	50	47	69	158	30	17	54	918	84	1897
1898	52	70	58	90	104	71	85	33	78	128	86	28	883	81	1898
1899	97	54	52	86	126	142	57	15	229	104	12	87	1061	97	1899
1900	132	121	105	106	118	86	78	105	27	124	245	51	1298	119	1900
1851–1900 Summe	3144	2848	3642	4135	4851	5368	3796	4423	6192	7252	5117	3778	54546		Summe 1851–1900
1851–1900 Mittel	62.9	57.0	72.8	82.7	97.0	107.4	75.9	88.5	123.8	145.0	102.3	75.6	1090.9		Mittel 1851–1900
1851–1900 Maxim.	304	214	169	228	227	274	206	230	273	352	352	192	1604		Maxim. 1851–1900
1851–1900 Minim.	0	0	0	7	7	9	19	10	1	6	2	0	675		Minim. 1851–1900
1901	9	32	221	47	33	101	103	203	217	62	55	125	1208	111	1901
1902	39	207	71	18	85	121	163	11	51	211	24	5	1006	92	1902
1903	46	11	51	131	69	124	170	22	53	143	105	208	1133	104	1903
1904	44	129	95	35	40	90	12	239	92	34	64	56	930	85	1904
1905	5	69	65	76	180	136	107	118	105	189	253	24	1327	122	1905

Wien

H = 194 m, seit 1872 = 202 m h_r = 1.5 m

Jahr	Jan.	Febr.	März	April	Mai	Juni	Juli	Aug.	Sept.	Okt.	Nov.	Dez.	Jahressumme in Millimetern	Jahressumme in Proz. des 50 j. Mittels	Jahr
1851	4	4	24	46	121	32	108	99	107	27	81	12	665	107	1851
1852	34	40	15	15	23	52	31	84	33	35	55	9	426	68	1852
1853	51	26	66	102	40	173	64	42	57	11	33	26	691	111	1853
1854	43	45	22	5	24	54	106	119	16	68	23	52	577	93	1854
1855	38	32	12	27	94	103	35	93	55	20	46	19	574	92	1855
1856	35	34	6	1	35	57	105	28	60	6	93	28	488	78	1856
1857	29	15	34	49	40	27	24	38	58	80	67	11	472	76	1857
1858	5	26	28	31	78	16	61	71	14	35	40	15	420	67	1858
1859	10	24	94	95	69	31	41	90	65	37	54	61	671	108	1859
1860	47	18	35	90	87	59	45	63	36	21	20	40	561	90	1860
1861	48	25	46	25	122	131	48	42	11	11	26	24	559	90	1861
1862	62	62	10	29	107	57	67	83	31	56	26	31	621	100	1862
1863	18	8	35	56	44	35	40	31	63	16	41	56	443	71	1863
1864	2	31	88	48	56	128	39	97	79	47	22	18	655	105	1864
1865	30	37	48	12	53	81	88	71	18	49	24	5	516	83	1865
1866	17	28	56	19	48	21	85	114	62	11	27	84	572	92	1866
1867	70	45	36	71	97	61	60	16	43	60	29	79	667	107	1867
1868	40	22	90	60	110	26	72	51	12	56	29	55	623	100	1868
1869	11	46	41	33	34	26	43	71	18	42	96	52	513	82	1869
1870	43	16	52	35	33	74	160	62	51	63	60	76	725	116	1870
1871	30	16	46	40	44	48	138	59	55	50	41	26	593	95	1871
1872	46	13	22	20	50	73	57	165	31	50	81	32	640	103	1872
1873	20	75	34	14	85	61	24	51	66	27	27	18	502	81	1873
1874	17	34	47	54	111	117	21	52	37	14	42	79	625	100	1874
1875	59	35	72	28	29	51	65	60	29	133	61	69	691	111	1875
1876	27	131	68	37	57	57	29	71	66	46	47	43	679	109	1876
1877	32	99	50	42	64	28	71	32	36	11	35	86	586	94	1877
1878	72	25	82	38	60	88	68	93	58	73	92	47	796	128	1878
1879	34	51	72	116	147	111	106	59	29	48	62	26	861	138	1879
1880	22	40	41	57	144	59	55	111	45	50	43	92	759	122	1880
1881	22	14	103	25	107	35	39	92	60	83	30	11	621	100	1881
1882	4	20	13	38	62	29	182	90	38	71	69	65	681	109	1882
1883	39	33	25	39	62	114	40	51	42	23	17	45	530	85	1883
1884	27	7	40	79	18	104	44	75	23	132	24	63	636	102	1884
1885	31	11	33	26	185	23	98	54	49	37	79	26	652	105	1885
1886	64	11	72	80	26	228	56	38	8	34	39	73	729	117	1886
1887	11	13	57	51	129	38	13	70	25	49	94	64	614	99	1887
1888	69	111	28	161	12	82	64	49	28	65	31	29	729	117	1888
1889	9	49	116	45	39	54	78	40	64	94	33	66	687	110	1889
1890	44	3	12	119	29	75	58	94	73	24	61	7	599	96	1890
1891	64	11	27	53	22	101	126	70	19	13	10	50	566	91	1891
1892	52	44	44	35	80	143	91	25	101	55	11	15	696	112	1892
1893	99	28	37	2	51	107	73	21	21	29	61	6	535	86	1893
1894	2	19	26	58	50	98	63	75	49	106	15	18	579	93	1894
1895	44	22	57	68	110	55	80	72	19	56	8	133	724	116	1895
1896	43	17	57	43	100	46	80	180	23	16	32	16	653	105	1896
1897	30	40	56	66	97	79	206	39	42	51	11	9	726	117	1897
1898	23	36	45	58	126	80	63	66	49	71	16	13	646	104	1898
1899	29	16	15	59	126	17	63	52	111	24	15	73	600	96	1899
1900	128	24	127	79	61	68	63	37	12	79	44	61	783	126	1900
1851—1900 Summe	1830	1632	2362	2479	3598	3513	3536	3408	2197	2365	2123	2114	31157		Summe 1851—1900
1851—1900 Mittel	36.6	32.6	47.2	49.6	72.0	70.3	70.7	68.2	43.9	47.3	42.5	42.3	623.2		Mittel 1851—1900
1851—1900 Maxim.	128	131	127	161	185	228	206	180	111	133	96	133	861		Maxim. 1851—1900
1851—1900 Minim.	2	3	6	1	12	16	13	16	8	6	8	5	420		Minim. 1851—1900
1901	26	31	60	65	18	24	35	42	98	40	36	34	509	82	1901
1902	53	50	67	25	67	92	97	60	47	39	1	93	691	111	1902
1903	42	29	37	95	20	87	146	114	72	57	101	66	866	139	1903
1904	5	53	41	84	40	33	16	55	105	109	55	83	679	109	1904
1905	14	20	70	77	48	33	80	59	44	50	135	27	657	105	1905

Hermannstadt

H = 410 m h_r = 3.8 m, seit 1880 = 1.7 m, seit 1891 = 3.5 m

Jahr	Jan.	Febr.	März	April	Mai	Juni	Juli	Aug.	Sept.	Okt.	Nov.	Dez.	Jahressumme in Millimetern	Jahressumme in Proz. des 50 j. Mittels	Jahr
1851	13	7	19	42	138	164	152	470	161	26	43	34	1269	187	1851
1852	24	30	13	61	84	60	102	68	30	44	9	6	531	78	1852
1853	15	43	40	67	50	117	81	49	30	34	19	9	554	82	1853
1854	22	46	22	36	37	120	90	66	57	24	68	51	639	94	1854
1855	20	39	40	103	66	107	87	32	52	41	10	16	613	90	1855
1856	13	20	33	23	30	98	134	16	118	19	65	17	586	86	1856
1857	29	11	28	44	128	92	106	127	32	7	36	11	651	96	1857
1858	24	4	41	24	135	111	130	60	15	22	24	16	606	89	1858
1859	9	7	58	106	49	154	94	59	91	22	16	17	682	101	1859
1860	11	21	50	33	134	128	116	65	45	58	59	92	812	120	1860
1861	11	25	22	10	24	60	137	44	42	17	61	26	479	71	1861
1862	18	41	15	49	91	89	38	58	39	8	20	5	471	69	1862
1863	21	12	17	97	53	162	90	40	14	27	17	12	562	83	1863
1864	18	34	62	65	86	272	121	103	36	37	91	23	948	140	1864
1865	13	66	81	27	32	76	93	72	48	28	11	5	552	81	1865
1866	9	38	71	30	76	41	74	78	11	24	33	19	504	74	1866
1867	37	17	60	19	68	110	120	36	87	28	40	71	693	102	1867
1868	22	35	29	48	83	74	129	90	20	38	22	20	610	90	1868
1869	19	30	109	26	66	111	84	123	35	44	58	27	732	108	1869
1870	67	14	60	41	70	110	157	139	81	77	12	59	887	131	1870
1871	22	19	31	37	78	181	209	103	23	48	41	25	817	121	1871
1872	37	36	11	35	73	147	188	64	19	21	12	16	659	97	1872
1873	14	17	10	88	74	104	34	23	16	28	18	32	458	68	1873
1874	6	24	62	44	117	82	46	62	16	68	21	33	581	86	1874
1875	25	42	17	55	75	52	76	82	43	38	34	34	573	85	1875
1876	13	14	19	12	132	205	109	69	65	30	85	36	789	116	1876
1877	19	51	59	101	165	46	60	41	89	34	40	56	761	112	1877
1878	16	6	31	30	29	95	100	94	44	31	23	67	566	83	1878
1879	53	21	55	60	65	111	83	108	30	99	55	81	821	121	1879
1880	19	11	10	24	75	116	104	89	86	29	9	18	590	87	1880
1881	63	9	62	83	173	110	144	37	88	72	7	11	859	127	1881
1882	3	3	8	63	127	129	148	97	41	16	39	14	688	101	1882
1883	34	27	63	74	144	24	125	67	83	38	54	24	757	112	1883
1884	9	27	49	36	64	140	241	23	35	27	21	27	699	103	1884
1885	2	15	5	20	111	264	88	102	60	80	31	51	829	122	1885
1886	34	18	44	11	88	160	161	138	20	58	64	19	815	120	1886
1887	2	30	25	13	135	63	57	63	39	61	25	51	564	83	1887
1888	35	25	22	81	80	75	60	84	4	48	12	4	530	78	1888
1889	24	60	53	89	22	24	114	97	49	65	39	30	666	98	1889
1890	28	15	13	64	65	134	49	38	52	60	55	17	590	87	1890
1891	20	10	45	44	46	113	151	36	14	24	44	31	578	85	1891
1892	16	38	34	59	114	176	113	59	29	50	38	20	746	110	1892
1893	39	11	48	36	132	159	76	44	62	16	49	43	715	105	1893
1894	7	33	42	59	99	103	18	69	46	27	13	21	537	79	1894
1895	70	58	50	49	70	84	104	57	41	97	36	41	757	112	1895
1896	14	9	36	67	54	106	69	122	47	23	66	40	653	96	1896
1897	55	34	51	80	184	201	153	15	36	32	26	7	874	129	1897
1898	7	17	52	55	96	88	87	78	62	34	2	13	591	87	1898
1899	23	29	61	15	69	67	94	130	127	17	54	28	714	105	1899
1900	19	41	62	86	70	104	159	97	30	32	31	25	756	112	1900
1851—1900 Summe	1143	1290	2000	2521	4326	5719	5355	3983	2440	1928	1758	1451	33914		Summe 1851—1900
1851—1900 Mittel	22.9	25.8	40.0	50.4	86.5	114.4	107.1	79.7	48.8	38.6	35.2	29.0	678.3		Mittel 1851—1900
1851—1900 Maxim.	70	66	109	106	184	272	241	470	161	99	91	92	1269		Maxim. 1851—1900
1851—1900 Minim.	2	3	5	10	22	24	18	15	4	7	2	4	458		Minim. 1851—1900
1901	34	20	26	113	32	142	94	133	17	82	13	54	760	112	1901
1902	39	9	38	39	66	152	73	157	20	50	4	33	680	100	1902
1903	20	18	16	90	72	138	166	37	1	55	15	4	632	93	1903
1904	9	47	20	29	14	83	50	91	127	49	47	9	575	85	1904
1905	23	32	17	71	73	138	35	78	52	103	12	28	662	98	1905

Kopenhagen

H = 13 m h$_r$ = 1.9 m

Jahr	Jan.	Febr.	März	April	Mai	Juni	Juli	Aug.	Sept.	Okt.	Nov.	Dez.	Jahressumme in Millimetern	Jahressumme in Proz. des 50j. Mittels	Jahr
1851	32	30	63	86	48	68	46	28	27	45	85	14	572	102	1851
1852	55	62	11	22	52	80	5	68	69	74	101	81	680	121	1852
1853	56	42	22	51	36	37	75	64	46	34	17	7	487	87	1853
1854	45	30	20	21	47	46	27	134	67	39	36	70	582	104	1854
1855	30	8	35	41	60	55	71	76	30	80	6	35	527	94	1855
1856	44	41	3	66	49	57	63	40	57	23	67	64	574	103	1856
1857	40	18	32	57	10	15	32	43	28	38	27	19	359	64	1857
1858	29	9	19	17	93	27	51	55	14	31	23	35	403	72	1858
1859	29	57	38	52	13	51	34	52	107	45	61	65	604	108	1859
1860	34	36	33	51	40	92	23	132	51	55	24	25	596	106	1860
1861	20	48	62	13	28	76	106	51	73	6	84	29	596	106	1861
1862	34	22	24	20	28	87	80	34	90	79	31	68	597	107	1862
1863	41	35	49	47	25	60	64	64	75	27	23	78	588	105	1863
1864	23	23	47	15	28	119	43	152	86	41	61	6	644	115	1864
1865	28	12	13	7	16	29	55	57	31	56	48	4	356	64	1865
1866	44	93	32	72	91	44	53	77	64	26	77	56	729	130	1866
1867	67	68	16	74	48	55	125	18	76	65	54	34	700	125	1867
1868	27	53	58	52	7	3	8	60	64	61	25	99	517	92	1868
1869	25	30	14	10	74	32	23	63	42	59	37	32	441	79	1869
1870	32	6	9	16	19	33	12	60	66	99	47	33	432	77	1870
1871	8	21	19	21	16	75	80	26	84	16	25	21	412	74	1871
1872	35	18	57	45	86	51	61	30	89	90	56	64	682	122	1872
1873	36	11	9	28	73	56	114	84	69	99	55	33	667	119	1873
1874	40	7	45	31	15	25	87	68	67	33	60	43	521	93	1874
1875	66	2	31	10	24	68	50	46	38	62	72	18	487	87	1875
1876	12	51	69	29	40	54	45	34	76	34	21	50	515	92	1876
1877	79	54	24	19	44	39	100	123	43	70	40	38	673	120	1877
1878	48	15	36	21	57	58	35	46	49	41	93	29	528	94	1878
1879	17	42	8	49	39	57	108	111	29	40	17	5	522	93	1879
1880	8	41	14	31	13	41	92	8	59	123	105	53	588	105	1880
1881	6	20	26	3	47	20	93	66	72	61	52	35	501	89	1881
1882	24	16	45	40	18	81	46	88	46	53	67	29	553	99	1882
1883	22	10	5	17	22	37	87	55	54	67	84	46	506	90	1883
1884	78	49	49	19	30	27	75	44	35	102	36	55	599	107	1884
1885	23	36	22	17	49	78	15	83	92	99	18	20	552	99	1885
1886	40	7	16	28	37	42	50	29	46	73	24	59	451	81	1886
1887	5	10	23	41	69	24	44	43	52	49	45	54	459	82	1887
1888	29	26	71	19	44	54	96	48	22	43	45	56	553	99	1888
1889	15	31	26	34	43	25	60	107	88	72	15	14	530	95	1889
1890	42	3	31	47	23	45	91	93	15	74	33	2	499	89	1890
1891	36	13	51	21	73	69	97	170	42	61	38	60	731	131	1891
1892	56	12	25	37	36	89	26	94	50	90	7	37	559	100	1892
1893	22	72	30	6	31	19	51	57	68	141	63	38	598	107	1893
1894	34	50	40	62	46	34	136	65	35	93	42	34	671	120	1894
1895	17	11	40	16	38	48	86	87	14	63	78	66	564	101	1895
1896	22	8	78	42	30	42	32	81	100	84	31	40	590	105	1896
1897	9	12	93	52	47	33	143	68	94	9	32	41	633	113	1897
1898	46	42	46	51	101	96	59	51	67	11	39	76	685	122	1898
1899	68	38	37	54	23	15	32	16	97	43	55	39	517	92	1899
1900	54	45	27	29	27	34	93	69	63	132	36	71	680	121	1900
1851—1900 Summe	1732	1496	1693	1709	2053	2502	3180	3318	2918	3011	2318	2080	28010		Summe 1851—1900
1851—1900 Mittel	34.6	29.9	33.9	34.2	41.1	50.0	63.6	66.4	58.4	60.2	46.4	41.6	560.3		Mittel 1851—1900
1851—1900 Maxim.	79	93	93	86	101	119	143	170	107	141	105	99	731		Maxim. 1851—1900
1851—1900 Minim.	5	2	3	3	7	3	5	8	14	6	6	2	356		Minim. 1851—1900
1901	29	13	49	55	44	150	26	52	36	23	74	62	613	109	1901
1902	48	11	55	18	86	36	51	69	39	43	5	52	513	92	1902
1903	47	48	18	74	10	60	54	90	61	133	61	20	676	121	1903
1904	37	44	38	53	66	42	23	35	12	51	78	50	529	95	1904
1905	32	40	47	64	14	46	56	170	64	78	30	7	648	116	1905

Upsala

$H = 24$ m $h_r = 1.2$ m

Jahr	Jan.	Febr.	März	April	Mai	Juni	Juli	Aug.	Sept.	Okt.	Nov.	Dez.	Jahressumme in Millimetern	Jahressumme in Proz. des 50 j. Mittels	Jahr
1851	38	20	43	79	80	55	89	121	43	50	102	45	765	142	1851
1852	65	35	27	8	19	106	10	51	40	83	112	51	607	112	1852
1853	34	38	13	20	11	57	58	121	38	54	27	13	484	90	1853
1854	16	23	14	19	42	25	55	54	55	78	32	28	441	82	1854
1855	20	1	27	22	66	64	83	98	23	100	15	33	552	102	1855
1856	40	27	8	30	85	48	71	48	108	19	30	37	551	102	1856
1857	14	6	18	23	19	62	94	3	67	104	29	20	459	85	1857
1858	11	12	1	31	82	53	111	24	18	38	42	25	448	83	1858
1859	26	32	32	52	6	44	38	27	80	57	49	56	499	92	1859
1860	53	30	41	32	67	66	55	121	43	112	39	43	702	130	1860
1861	22	32	43	41	101	55	105	96	33	19	63	19	629	116	1861
1862	24	14	17	31	53	81	114	46	30	94	61	29	594	110	1862
1863	37	18	43	40	46	20	29	56	99	32	35	42	497	92	1863
1864	22	31	43	19	26	57	45	92	45	37	32	10	459	85	1864
1865	26	23	18	17	47	30	29	126	15	65	54	20	470	87	1865
1866	50	70	19	20	59	71	110	125	124	21	81	62	812	150	1866
1867	74	39	27	49	20	64	71	29	14	50	71	80	588	109	1867
1868	27	47	50	45	34	29	55	47	122	69	33	37	595	110	1868
1869	17	51	13	8	94	62	34	106	77	101	34	39	636	118	1869
1870	53	16	21	11	43	31	66	31	43	56	72	36	479	89	1870
1871	42	31	23	29	27	46	157	65	30	25	22	28	525	97	1871
1872	51	34	41	34	83	79	61	49	65	69	66	69	701	130	1872
1873	63	21	26	32	45	51	13	70	55	81	38	23	518	96	1873
1874	19	7	32	28	35	34	29	89	47	41	23	31	415	77	1874
1875	45	11	19	19	18	22	29	52	13	24	36	24	312	58	1875
1876	26	20	37	27	28	57	38	38	81	52	20	37	461	85	1876
1877	35	85	44	15	29	19	58	114	83	43	65	31	621	115	1877
1878	32	5	44	21	40	57	36	81	67	55	53	52	543	101	1878
1879	18	28	10	39	45	64	95	30	54	52	34	15	484	90	1879
1880	11	26	12	19	17	59	22	12	37	34	45	49	343	62	1880
1881	12	56	17	8	38	26	42	70	70	26	31	31	427	79	1881
1882	41	17	33	47	71	38	81	71	28	46	49	32	554	103	1882
1883	22	13	32	14	20	63	161	101	68	50	84	19	647	120	1883
1884	35	15	37	8	57	79	67	23	31	76	14	49	491	91	1884
1885	25	38	19	14	40	66	62	139	59	105	28	34	629	116	1885
1886	22	11	11	45	47	73	36	38	23	17	57	55	435	81	1886
1887	23	12	12	29	13	58	65	79	53	29	17	54	444	82	1887
1888	10	48	39	13	41	46	123	33	51	62	34	39	539	100	1888
1889	23	40	13	11	42	21	126	91	53	45	32	28	525	97	1889
1890	48	11	64	69	120	64	96	95	18	87	66	20	758	140	1890
1891	35	19	44	10	45	11	49	64	65	59	54	60	515	95	1891
1892	27	21	16	15	49	44	71	60	44	35	4	13	399	74	1892
1893	21	29	16	5	13	40	30	146	69	76	25	34	504	93	1893
1894	26	31	33	15	35	44	101	45	27	46	51	37	491	91	1894
1895	22	26	45	25	13	63	155	63	51	60	40	33	596	110	1895
1896	15	12	56	46	34	46	63	102	55	63	17	31	540	100	1896
1897	33	20	41	57	41	33	42	108	50	20	38	56	539	100	1897
1898	21	80	53	25	35	58	200	109	34	17	43	76	751	139	1898
1899	63	27	31	67	37	39	34	39	102	37	27	51	554	103	1899
1900	30	45	23	23	24	26	72	24	38	89	50	46	490	91	1900
1851—1900 Summe	1565	1404	1441	1406	2182	2506	3536	3522	2638	2760	2176	1882	27018		Summe 1851—1900
1851—1900 Mittel	31.3	28.1	28.8	28.1	43.6	50.1	70.7	70.4	52.8	55.2	43.5	37.6	540.2		Mittel 1851—1900
1851—1900 Maxim.	74	85	64	79	120	106	200	146	124	112	112	80	812		Maxim. 1851—1900
1851—1900 Minim.	10	1	1	5	6	11	10	3	13	17	4	10	312		Minim. 1851—1900
1901	16	21	22	37	11	35	5	23	36	72	27	52	357	66	1901
1902	28	18	41	3	31	52	75	109	36	62	28	39	522	97	1902
1903	45	26	24	56	51	68	102	135	32	75	26	24	664	123	1903
1904	37	54	23	37	46	50	9	113	31	33	32	49	514	95	1904
1905	26	8	34	46	24	33	64	74	53	101	37	11	511	95	1905

Helsingfors

H = 11 m h_r = 1.5 m

Jahr	Jan.	Febr.	März	April	Mai	Juni	Juli	Aug.	Sept.	Okt.	Nov.	Dez.	Jahressumme in Millimetern	Jahressumme in Proz. des 50 j. Mittels	Jahr
1851	35	24	9	32	39	51	45	70	20	54	109	43	531	88	1851
1852	70	42	34	11	19	44	6	50	89	77	80	68	590	98	1852
1853	44	25	22	45	34	4	15	79	75	63	25	10	441	73	1853
1854	23	50	27	17	50	21	33	43	81	85	57	74	561	93	1854
1855	28	12	36	16	47	3	2	65	30	70	40	22	371	61	1855
1856	57	33	17	46	54	43	40	82	73	36	44	62	587	97	1856
1857	21	10	25	41	20	34	66	12	32	53	24	36	374	62	1857
1858	23	9	61	71	21	14	40	39	38	77	55	16	464	77	1858
1859	37	49	87	100	8	45	87	30	97	61	47	71	719	119	1859
1860	60	40	22	38	37	65	101	107	32	104	76	25	707	117	1860
1861	22	40	42	31	41	22	36	58	45	7	80	26	450	74	1861
1862	19	13	23	37	32	102	121	68	7	71	10	41	544	90	1862
1863	51	30	10	30	32	12	66	60	77	49	82	57	556	92	1863
1864	19	39	56	12	38	59	35	139	44	48	58	14	561	93	1864
1865	39	23	15	10	39	16	52	21	47	63	31	10	366	60	1865
1866	43	30	28	36	22	86	75	164	48	44	97	74	747	123	1866
1867	39	33	20	44	48	55	97	41	59	83	59	53	631	104	1867
1868	25	52	15	48	53	14	6	27	92	57	33	48	470	78	1868
1869	14	61	26	25	64	44	42	37	55	86	59	43	556	92	1869
1870	51	21	21	14	44	52	94	93	21	72	119	28	630	104	1870
1871	22	19	14	48	71	102	115	33	60	19	35	36	574	95	1871
1872	49	32	34	23	100	52	27	87	73	66	74	69	686	113	1872
1873	80	11	29	36	39	76	43	87	64	139	56	54	714	118	1873
1874	47	16	24	30	41	34	39	91	64	39	43	84	552	91	1874
1875	27	25	17	27	39	32	48	29	42	14	42	22	364	60	1875
1876	24	21	55	60	46	30	45	80	80	39	33	15	528	87	1876
1877	59	49	55	11	67	31	75	142	114	61	100	48	812	134	1877
1878	21	14	41	24	78	30	54	84	60	61	102	113	682	113	1878
1879	39	49	24	35	31	38	140	75	32	87	52	9	611	101	1879
1880	36	27	22	23	20	63	79	41	60	116	82	75	644	106	1880
1881	19	36	21	33	41	27	66	100	52	51	56	37	539	89	1881
1882	50	67	40	35	70	68	41	165	38	54	84	31	743	123	1882
1883	39	29	23	23	97	26	192	127	87	68	107	43	861	142	1883
1884	60	34	39	20	88	30	46	41	26	49	36	74	543	90	1884
1885	35	64	26	29	86	32	61	57	143	104	36	66	739	122	1885
1886	61	35	12	22	23	17	86	54	57	33	50	80	530	88	1886
1887	40	18	24	23	48	18	24	65	51	65	30	93	499	82	1887
1888	18	15	41	48	31	29	70	75	57	100	38	28	550	91	1888
1889	44	56	45	15	20	26	78	120	66	36	44	53	603	100	1889
1890	53	3	59	47	65	31	73	143	29	95	82	9	689	114	1890
1891	68	43	53	16	68	24	26	64	111	50	87	36	646	107	1891
1892	73	30	11	43	67	117	115	84	66	71	35	44	756	125	1892
1893	42	53	35	6	47	45	48	63	141	64	69	22	635	105	1893
1894	53	66	24	14	33	94	64	109	28	26	96	53	660	109	1894
1895	78	22	36	29	18	34	111	66	93	115	90	37	729	120	1895
1896	61	13	50	38	18	20	31	128	91	147	10	94	701	116	1896
1897	41	45	52	35	34	34	63	73	88	40	42	74	621	103	1897
1898	36	93	113	49	70	49	67	47	45	37	77	115	798	132	1898
1899	57	74	50	34	46	78	49	15	118	42	60	51	674	111	1899
1900	52	83	44	48	30	39	84	85	38	114	43	61	721	119	1900
1851—1900 Summe	2104	1778	1709	1628	2274	2112	3119	3715	3136	3262	2976	2447	30260		Summe 1851—1900
1851—1900 Mittel	42.1	35.6	34.2	32.6	45.5	42.2	62.4	74.3	62.7	65.2	59.5	48.9	605.2		Mittel 1851—1900
1851—1900 Maxim.	80	93	113	100	100	117	192	165	143	147	119	115	861		Maxim. 1851—1900
1851—1900 Minim.	14	3	9	6	8	3	2	12	7	7	10	9	364		Minim. 1851—1900
1901	46	51	29	43	1	39	32	48	18	49	58	73	487	80	1901
1902	63	16	64	2	86	112	97	78	93	55	44	49	759	125	1902
1903	60	42	34	79	56	49	85	108	80	114	86	19	812	134	1903
1904	42	80	31	74	69	61	35	87	32	66	60	60	697	115	1904
1905	63	27	52	37	19	11	73	137	52	123	56	18	668	111	1905

St. Petersburg (Phys. Central-Observatorium)

H = 10 m h_r = 1.8 m, seit 1882 = 1 m

Jahr	Jan.	Febr.	März	April	Mai	Juni	Juli	Aug.	Sept.	Okt.	Nov.	Dez.	Jahressumme in Millimetern	Jahressumme in Proz. des 50 j. Mittels	Jahr
1851	20	22	26	22	112	63	36	48	2	30	35	59	475	94	1851
1852	38	31	43	9	15	54	46	43	29	57	25	4	394	78	1852
1853	10	20	23	16	47	5	34	47	34	36	11	25	308	61	1853
1854	5	29	8	13	56	37	25	19	65	22	19	27	325	64	1854
1855	11	18	9	27	58	79	7	51	65	34	36	12	407	81	1855
1856	25	29	18	53	68	58	31	49	29	22	17	27	426	84	1856
1857	21	18	11	17	21	27	55	58	16	21	39	16	320	63	1857
1858	9	18	27	21	33	8	63	4	23	55	29	21	311	62	1858
1859	13	33	24	30	13	44	49	117	17	43	31	45	459	91	1859
1860	3	23	20	9	65	38	58	41	25	40	30	37	389	77	1860
1861	24	15	22	21	32	18	32	174	66	13	36	12	465	92	1861
1862	9	15	22	24	17	67	65	49	22	45	2	15	352	70	1862
1863	36	20	7	10	35	27	51	31	84	25	50	55	431	85	1863
1864	38	38	54	21	57	31	119	144	106	38	74	25	745	148	1864
1865	29	26	11	12	60	71	45	70	45	32	38	31	470	93	1865
1866	32	15	31	36	45	61	99	77	82	22	77	93	670	133	1866
1867	38	31	33	33	70	60	69	69	47	59	88	42	639	127	1867
1868	31	32	37	34	27	10	9	10	81	51	58	51	431	85	1868
1869	12	45	18	34	44	73	106	197	66	38	60	35	728	144	1869
1870	22	29	27	16	75	32	86	59	41	105	47	30	569	113	1870
1871	28	20	19	62	68	92	70	63	55	23	38	58	596	118	1871
1872	41	28	14	16	42	31	41	86	92	15	40	44	490	97	1872
1873	50	27	19	30	109	78	31	111	28	59	40	55	637	126	1873
1874	21	15	23	21	44	53	90	89	63	29	40	31	519	103	1874
1875	24	11	9	27	39	51	32	95	22	38	30	23	401	79	1875
1876	25	13	31	33	45	29	83	43	47	21	41	14	425	84	1876
1877	35	35	24	7	56	34	92	73	86	41	35	13	531	105	1877
1878	20	25	35	32	99	55	94	66	47	73	54	55	655	130	1878
1879	24	40	23	19	40	112	137	71	48	79	44	16	653	129	1879
1880	23	8	20	26	20	51	111	21	66	85	55	50	536	106	1880
1881	27	22	38	10	13	35	77	185	38	28	34	14	521	103	1881
1882	17	21	17	16	27	29	74	82	38	23	33	23	400	79	1882
1883	24	14	17	21	54	17	136	124	94	54	56	23	634	126	1883
1884	33	18	4	15	85	71	58	53	25	25	20	30	437	87	1884
1885	33	38	11	21	53	37	86	67	98	72	24	16	556	110	1885
1886	31	3	7	17	60	75	81	114	64	7	55	52	566	112	1886
1887	9	16	22	30	40	56	79	72	70	67	34	46	541	107	1887
1888	15	15	34	43	35	28	45	75	37	72	33	19	451	89	1888
1889	13	7	37	33	36	8	66	114	20	16	41	8	399	79	1889
1890	32	10	26	83	33	47	67	87	43	70	40	7	545	108	1890
1891	27	18	32	8	51	23	62	77	49	22	18	40	427	85	1891
1892	20	22	9	48	45	146	39	125	42	51	26	41	614	122	1892
1893	23	32	23	13	12	77	87	90	123	52	35	34	601	119	1893
1894	30	21	18	16	88	64	119	109	65	22	68	19	639	127	1894
1895	37	21	17	27	29	54	76	54	57	69	29	20	490	97	1895
1896	24	22	25	29	20	35	26	106	94	49	35	34	499	99	1896
1897	23	19	18	29	19	63	104	83	58	33	32	42	523	104	1897
1898	26	21	31	29	42	70	40	30	75	60	53	67	544	108	1898
1899	63	26	25	38	43	81	19	64	72	70	42	31	574	114	1899
1900	36	59	9	31	16	36	65	57	69	78	15	51	522	103	1900
1851–1900 Summe	1260	1154	1108	1288	2313	2501	3272	3843	2730	2191	1942	1638	25240		Summe 1851–1900
1851–1900 Mittel	25.2	23.1	22.2	25.8	46.3	50.0	65.4	76.9	54.6	43.8	38.8	32.8	504.8		Mittel 1851–1900
1851–1900 Maxim.	63	59	54	83	112	146	137	197	123	105	88	93	745		Maxim. 1851–1900
1851–1900 Minim.	3	3	4	7	12	5	7	4	2	7	2	4	308		Minim. 1851–1900
1901	22	33	19	57	23	41	31	59	11	18	47	42	403	80	1901
1902	47	23	53	13	25	68	47	143	39	48	30	35	571	113	1902
1903	39	42	16	38	96	84	53	109	27	68	35	18	625	124	1903
1904	14	38	5	27	66	57	52	143	22	32	34	61	551	109	1904
1905	32	21	24	40	40	31	57	70	47	76	34	28	500	99	1905

Moskau (Feldmesser-Institut)

H = 164 m h_r = 1.4 m, 1871—88 = 4.9 m, seit 1889 = 2 m

Jahr	Jan.	Febr.	März	April	Mai	Juni	Juli	Aug.	Sept.	Okt.	Nov.	Dez.	Jahressumme in Millimetern	Jahressumme in Proz. des 50 j. Mittels	Jahr
1851															1851
1852															1852
1853					76	26	85	57	90	66	10	24			1853
1854	18	21	23	44	15	36	46	10	90	25	64	49	441	81	1854
1855	38	49	25	35	46	67	45	57	27	40	23	23	475	87	1855
1856	40	55	26	14	50	17	52	92	68	62	51	53	580	106	1856
1857	22	8	0	37	39	65	118	35	21	36	14	31	426	78	1857
1858	18	7	26	55	70	51	83	17	40	32	2	3	404	74	1858
1859															1859
1860	63	50	29	8	39	29	40	49	43	46	26	50	472	86	1860
1861	37	14	27	32	72	23	23	100	74	15	79	45	541	99	1861
1862	12	6	38	92	64	48	136	38	11	29	13	37	524	96	1862
1863	16	22	27	6	55	49	74	115	16	5	67	31	483	88	1863
1864	44	15	44	51	49	47	68	32	42	53	31	19	495	91	1864
1865	31	14	17	14	40	80	36	99	80	17	20	35	483	89	1865
1866	33	23	41	48	34	54	75	52	17	36	48	42	503	92	1866
1867	73	53	45	30	68	38	107	68	98	42	45	35	702	129	1867
1868	21	26	12	22	36	22	36	15	68	13	31	47	349	64	1868
1869	24	38	45	30	77	81	102	60	41	30	98	21	647	118	1869
1870	27	23	10	11	42	57	48	116	58	58	92	49	591	108	1870
1871	36	14	23	56	44	29	52	36	107	70	39	74	580	106	1871
1872	42	14	14	56	56	29	138	126	91	8	41	32	647	118	1872
1873	42	26	11	29	58	51	95	75	32	62	42	49	572	105	1873
1874	30	21	21	43	72	60	50	99	44	32	34	115	621	114	1874
1875	42	11	18	24	67	49	72	66	67	55	75	29	575	105	1875
1876	31	37	59	30	47	58	60	137	87	39	36	38	659	121	1876
1877	12	22	54	84	96	31	43	87	100	19	16	42	606	111	1877
1878	48	29	56	38	55	35	142	32	32	25	45	76	613	112	1878
1879	22	60	12	36	34	80	87	64	23	73	57	18	566	104	1879
1880	16	4	22	38	35	100	43	102	39	54	48	75	576	105	1880
1881	23	24	33	20	14	81	44	120	15	20	29	20	443	81	1881
1882	12	17	47	40	42	80	48	48	5	10	52	36	437	80	1882
1883	7	17	50	22	30	77	164	49	27	25	27	36	531	97	1883
1884	29	17	7	49	86	87	109	63	39	36	19	33	574	105	1884
1885	6	24	24	27	37	51	17	97	203	39	19	28	572	105	1885
1886	34	2	20	14	49	59	50	118	50	11	46	26	479	88	1886
1887	18	11	29	28	19	49	78	102	21	51	22	89	517	95	1887
1888	15	10	8	99	83	57	81	112	10	122	20	14	631	116	1888
1889	14	22	29	48	17	54	92	82	89	29	42	6	524	96	1889
1890	18	7	17	11	39	57	24	80	47	32	33	10	375	69	1890
1891	13	11	87	29	27	42	25	103	73	28	40	48	526	96	1891
1892	38	31	36	39	41	24	85	32	13	72	26	60	497	91	1892
1893	37	25	63	18	17	53	108	87	78	37	98	28	649	119	1893
1894	17	52	27	5	101	115	122	100	84	67	23	38	751	138	1894
1895	72	38	51	23	9	60	68	35	66	67	51	21	561	103	1895
1896	24	40	31	32	78	47	61	91	71	13	43	50	581	106	1896
1897	47	29	25	34	20	21	34	26	61	52	40	16	405	74	1897
1898	38	56	38	20	65	51	98	16	93	54	45	60	634	116	1898
1899	49	40	41	59	20	67	23	109	103	93	41	30	675	124	1899
1900	43	28	20	30	54	75	73	19	78	102	34	56	612	112	1900
1853–1900* Summe	1392	1163	1408	1610	2284	2519	3360	3325	2732	2002	1897	1847	25539		Summe 1853–1900*
1853–1900* Mittel	30.3	25.3	30.6	35.0	48.6	53.6	71.5	70.7	58.1	42.6	40.4	39.3	546.0		Mittel 1853–1900*
1853–1900* Maxim.	73	60	87	99	101	115	164	137	203	122	98	115	751		Maxim. 1853–1900*
1853–1900* Minim.	6	2	0	5	9	17	17	10	5	5	2	3	349		Minim. 1853–1900*
1901	44	37	18	37	68	51	62	32	27	72	51	60	559	102	1901
1902	47	30	25	32	67	27	103	124	51	44	22	12	584	107	1902
1903	31	37	19	97	39	17	108	44	18	60	41	6	517	95	1903
1904	24	66	15	16	76	106	66	68	24	66	53	86	666	122	1904
1905	35	17	23	67	22	68	74	54	115	144	38	28	685	125	1905

* Das Jahr 1859 fehlt.

Katharinenburg (Observatorium)

H = 284 m h$_r$ = 1.5 m, 1872–82 = 4.4 m, seit 1883 = 2.3 m

Jahr	Jan.	Febr.	März	April	Mai	Juni	Juli	Aug.	Sept.	Okt.	Nov.	Dez.	Jahressumme in Millimetern	Jahressumme in Proz. des 50 j. Mittels	Jahr
1851	1	3	8	5	50	104	146	27	0	38	16	14	412	110	1851
1852	1	1	1	9	4	103	113	98	29	9	5	12	385	103	1852
1853	8	3	8	6	18	22	48	16	103	18	8	13	271	72	1853
1854	6	7	4	2	53	77	48	38	40	14	7	7	303	81	1854
1855	2	13	9	3	7	99	33	50	46	3	2	4	271	72	1855
1856	4	9	5	13	30	16	57	28	25	10	2	5	204	55	1856
1857	9	2	6	10	19	27	29	32	16	8	9	10	177	47	1857
1858	1	4	4	6	34	104	86	88	57	12	7	5	408	109	1858
1859	3	1	7	0	17	42	71	64	34	1	8	1	249	67	1859
1860	2	9	0	14	71	86	40	68	9	2	6	5	312	83	1860
1861	3	2	9	13	6	51	64	78	19	7	20	4	276	74	1861
1862	4	6	5	15	124	93	103	20	28	8	1	4	411	110	1862
1863	7	10	2	2	43	33	71	48	27	26	10	4	283	76	1863
1864	14	0	4	16	10	33	49	18	18	23	20	1	206	55	1864
1865	3	1	1	7	54	72	46	43	11	7	4	4	253	68	1865
1866	2	1	11	3	35	42	71	109	109	27	11	12	433	116	1866
1867	31	19	19	22	8	76	52	117	31	7	54	26	462	124	1867
1868	15	8	5	11	32	116	84	55	122	14	16	8	486	130	1868
1869	6	15	2	8	41	47	63	49	26	19	3	15	294	79	1869
1870	19	4	12	3	10	84	49	71	27	8	13	7	307	82	1870
1871	6	4	8	13	84	33	98	32	31	9	1	3	322	86	1871
1872	2	3	9	16	92	43	45	46	77	5	16	22	376	101	1872
1873	16	5	4	18	20	48	69	102	54	39	37	9	421	113	1873
1874	6	7	10	17	25	54	162	67	38	13	8	20	427	114	1874
1875	12	0	19	26	44	78	82	71	26	35	11	15	419	112	1875
1876	7	9	5	22	42	70	126	77	31	51	14	28	482	129	1876
1877	13	8	21	15	62	159	123	16	40	30	9	5	501	134	1877
1878	9	4	4	15	56	48	82	67	57	7	29	8	386	103	1878
1879	12	26	19	9	26	93	73	124	17	7	14	6	426	114	1879
1880	5	9	6	1	20	78	41	21	22	50	6	18	277	74	1880
1881	13	3	4	8	18	105	84	72	30	16	22	4	379	101	1881
1882	11	5	7	7	57	92	24	34	41	7	39	17	341	91	1882
1883	12	4	15	5	24	63	34	41	10	39	7	4	258	69	1883
1884	3	10	3	32	33	51	35	86	50	25	13	19	360	96	1884
1885	10	6	3	4	23	81	37	79	99	7	28	6	383	102	1885
1886	2	2	10	6	32	87	85	97	48	24	24	7	424	113	1886
1887	3	4	21	19	47	80	106	91	18	96	15	18	518	139	1887
1888	23	1	36	25	83	72	66	38	60	59	38	17	518	139	1888
1889	4	20	15	39	22	148	20	98	7	48	5	9	435	116	1889
1890	26	7	9	20	97	17	45	46	39	49	48	4	407	109	1890
1891	1	3	13	12	55	42	38	41	78	61	26	16	386	103	1891
1892	16	11	5	17	52	30	91	133	43	42	25	23	488	130	1892
1893	3	9	20	22	20	107	81	41	18	32	29	13	395	106	1893
1894	7	17	24	18	52	97	43	32	54	13	33	11	401	107	1894
1895	21	22	6	18	58	57	80	59	37	8	48	22	436	117	1895
1896	15	4	1	3	46	111	145	45	16	14	46	19	465	124	1896
1897	7	25	11	32	12	40	23	57	37	31	16	13	304	81	1897
1898	8	3	11	25	26	54	57	57	50	55	55	13	414	111	1898
1899	12	20	19	44	51	90	32	23	16	34	48	25	414	111	1899
1900	3	10	26	15	46	136	75	138	60	12	5	15	541	145	1900
1851—1900 Summe	429	379	486	691	1991	3591	3425	3048	1981	1179	937	570	18707		Summe 1851—1900
1851—1900 Mittel	8.6	7.6	9.7	13.8	39.8	71.8	68.5	61.0	39.6	23.6	18.7	11.4	374.1		Mittel 1851—1900
1851—1900 Maxim.	31	26	36	44	124	159	162	138	122	96	55	28	541		Maxim. 1851—1900
1851—1900 Minim.	1	0	0	0	4	16	20	16	0	1	1	1	177		Minim. 1851—1900
1901	12	13	25	12	26	36	40	86	22	5	29	71	377	101	1901
1902	49	9	10	27	41	66	68	44	35	64	17	22	452	121	1902
1903	22	13	2	5	97	62	82	15	56	21	10	12	397	106	1903
1904	16	27	0	0	41	34	66	92	27	9	36	30	378	101	1904
1905	11	6	3	54	100	40	79	82	15	31	14	23	458	122	1905

Tiflis (Observatorium)

H = 409 m h_r = ? m, 1862—82 = 1.7 m, seit 1883 = 1.3 m

Jahr	Jan.	Febr.	März	April	Mai	Juni	Juli	Aug.	Sept.	Okt.	Nov.	Dez.	Jahressumme in Millimetern	Jahressumme in Proz. des 50 j. Mittels	Jahr
1851	3	3	32	86	35	72	13	38	20	15	1	24	342	71	1851
1852	14	27	51	33	52	105	78	25	41	4	14	15	459	95	1852
1853	13	12	19	64	58	91	71	20	35	27	18	39	467	96	1853
1854	16	17	38	41	153	106	41	41	46	27	11	20	557	115	1854
1855	13	3	13	41	53	41	76	17	35	32	30	53	407	84	1855
1856	1	14	24	59	55	34	20	8	22	19	20	12	288	59	1856
1857	29	37	24	13	38	41	33	10	97	20	28	26	396	82	1857
1858	8	29	11	79	42	11	135	65	73	46	36	8	543	112	1858
1859	37	13	13	48	92	130	13	28	33	41	71	4	523	108	1859
1860	24	26	55	40	76	42	13	52	56	83	34	17	518	107	1860
1861	19	12	9	24	92	49	84	13	42	35	11	13	403	83	1861
1862	0	15	18	59	39	5	38	86	142	6	22	31	461	95	1862
1863	15	21	16	44	105	22	15	45	38	40	25	45	431	89	1863
1864	20	14	26	53	94	111	43	12	2	43	14	31	463	95	1864
1865	3	33	42	45	138	95	40	53	41	20	3	6	519	107	1865
1866	5	14	29	26	77	97	51	30	23	117	9	9	487	100	1866
1867	9	43	63	17	58	63	46	65	21	6	14	8	413	85	1867
1868	9	17	22	149	54	27	78	113	127	111	35	18	760	157	1868
1869	44	19	46	30	43	75	62	28	53	1	65	21	487	100	1869
1870	2	10	32	118	40	68	124	5	88	42	9	8	546	113	1870
1871	30	9	34	25	42	28	45	58	24	38	1	33	367	76	1871
1872	6	14	11	87	18	143	2	5	0	96	3	37	422	87	1872
1873	3	43	43	18	56	116	12	14	8	14	47	3	377	78	1873
1874	7	53	36	51	69	51	35	12	200	49	20	4	587	121	1874
1875	23	19	39	7	58	41	135	40	28	3	58	38	489	101	1875
1876	9	4	5	44	35	28	113	44	9	25	63	61	440	91	1876
1877	26	43	15	28	116	83	4	32	27	51	51	17	493	102	1877
1878	28	0	8	187	106	134	52	70	63	22	0	36	706	146	1878
1879	67	0	24	18	30	95	4	31	129	22	62	38	520	107	1879
1880	11	4	27	36	125	49	39	44	74	9	1	21	440	91	1880
1881	17	18	12	65	40	22	127	34	60	15	41	18	469	97	1881
1882	17	17	5	64	117	31	12	4	106	53	0	1	427	88	1882
1883	14	17	35	76	42	68	6	5	51	40	26	19	399	82	1883
1884	15	36	34	64	54	100	13	46	2	6	28	1	399	82	1884
1885	21	6	12	50	26	28	8	74	40	92	66	8	431	89	1885
1886	10	18	22	108	52	92	61	28	76	54	23	10	554	114	1886
1887	28	26	12	70	76	64	56	75	39	10	39	2	497	103	1887
1888	16	41	23	35	228	43	15	18	26	22	26	72	565	116	1888
1889	12	9	78	33	125	100	49	1	37	26	77	22	569	117	1889
1890	7	31	1	52	101	93	110	15	65	20	57	24	576	119	1890
1891	14	14	5	67	35	35	61	18	61	54	35	15	414	85	1891
1892	12	43	42	24	37	21	19	91	27	11	36	28	391	81	1892
1893	32	7	37	41	186	73	26	45	26	31	18	24	546	113	1893
1894	7	37	33	112	72	22	29	3	65	10	25	8	423	87	1894
1895	1	32	13	131	104	55	113	18	54	77	52	35	685	141	1895
1896	11	11	13	70	123	77	12	21	109	58	19	34	558	119	1896
1897	15	0	25	45	100	102	16	52	26	36	38	10	465	96	1897
1898	3	18	61	53	64	98	7	58	4	51	48	27	492	101	1898
1899	0	26	21	58	109	55	1	53	39	73	1	78	514	106	1899
1900	28	25	49	48	47	124	26	72	41	24	39	25	548	113	1900
1851—1900 Summe	774	1000	1358	2836	3787	3356	2282	1835	2551	1827	1470	1157	24233		Summe 1851—1900
1851—1900 Mittel	15.5	20.0	27.2	56.7	75.7	67.1	45.6	36.7	51.0	36.5	29.4	23.1	484.7		Mittel 1851—1900
1851—1900 Maxim.	67	53	78	187	228	143	135	113	200	117	77	78	760		Maxim. 1851—1900
1851—1900 Minim.	0	0	1	7	18	5	1	1	0	1	0	1	288		Minim. 1851—1900
1901	15	31	20	24	177	56	36	22	65	102	33	4	585	121	1901
1902	1	31	13	50	78	27	14	93	39	12	33	11	402	83	1902
1903	49	9	22	31	61	60	123	25	21	12	25	24	462	95	1903
1904	13	4	53	29	137	54	58	22	85	39	56	24	574	118	1904
1905	16	9	14	69	106	183	40	84	28	46	12	57	664	137	1905